建筑工人岗位培训教材

涂 裱 工

本书编审委员会　编写

胡本国　主编

中国建筑工业出版社

图书在版编目（CIP）数据

涂裱工/《涂裱工》编审委员会编写. —北京：中国建筑
工业出版社，2018.6
建筑工人岗位培训教材
ISBN 978-7-112-22462-3

Ⅰ.①涂… Ⅱ.①涂… Ⅲ.①工程装修-涂漆-技术培训-教
材 ②工程装修-裱糊工程-技术培训-教材 Ⅳ.①TU767

中国版本图书馆 CIP 数据核字（2018）第 161017 号

　　本教材是建筑工人岗位培训教材之一。按照新版《建筑装饰
装修职业技能标准》的要求，对涂裱工初级工、中级工和高级工
应知应会的内容进行了详细讲解，具有科学、规范、简明、实用
的特点。
　　本教材主要内容包括：图纸识读，房屋构造，常用涂裱材
料，基层处理，面层施工，验收，常用机具使用和维护，放线、
检测工具，习题。
　　本教材适用于涂裱工职业技能培训，也可供相关职业院校实
践教学使用。

　　责任编辑：高延伟　李　明　葛又畅
　　责任校对：刘梦然

建筑工人岗位培训教材
涂裱工
本书编审委员会　编写
胡本国　主编

*

中国建筑工业出版社出版、发行（北京海淀三里河路 9 号）
各地新华书店、建筑书店经销
北京红光制版公司制版
北京建筑工业印刷厂印刷

*

开本：850×1168 毫米　1/32　印张：4⅛　字数：108 千字
2018 年 9 月第一版　2018 年 9 月第一次印刷
定价：**14.00** 元
ISBN 978-7-112-22462-3
（32330）

建筑工人岗位培训教材
编审委员会

主　任：沈元勤

副主任：高延伟

委　员：（按姓氏笔画为序）

出 版 说 明

国家历来高度重视产业工人队伍建设，特别是党的十八大以来，为了适应产业结构转型升级，大力弘扬劳模精神和工匠精神，根据劳动者不同就业阶段特点，不断加强职业素质培养工作。为贯彻落实国务院印发的《关于推行终身职业技能培训制度的意见》（国发〔2018〕11号），住房和城乡建设部《关于加强建筑工人职业培训工作的指导意见》（建人〔2015〕43号），住房和城乡建设部颁发的《建筑工程施工职业技能标准》、《建筑工程安装职业技能标准》、《建筑装饰装修职业技能标准》等一系列职业技能标准，以规范、促进工人职业技能培训工作。本书编审委员会以《职业技能标准》为依据，组织全国相关专家编写了《建筑工人岗位培训教材》系列教材。

依据《职业技能标准》要求，职业技能等级由高到低分为：五级、四级、三级、二级、一级，分别对应初级工、中级工、高级工、技师、高级技师。本套教材内容覆盖了五级、四级、三级（初级、中级、高级）工人应掌握的知识和技能。二级、一级（技师、高级技师）工人培训可参考使用。

本系列教材内容以够用为度，贴近工程实践，重点突出了对操作技能的训练，力求做到文字通俗易懂、图文并茂。本套教材可供建筑工人开展职业技能培训使用，也可供相关职业院校实践教学使用。

　　为不断提高本套教材的编写质量，我们期待广大读者在使用后提出宝贵意见和建议，以便我们不断改进。

本书编审委员会

2018 年 6 月

前　　言

党的十九大报告提出要"建设知识型、技能型、创新型劳动者大军，弘扬劳模精神和工匠精神，营造劳动光荣的社会风尚和精益求精的敬业风气"。在 2017 年 9 月印发的《中共中央 国务院关于开展质量提升行动的指导意见》中，提出了健全质量人才教育培养体系，加强人才梯队建设，完善技术技能人才培养培训工作体系，培育众多"中国工匠"等要求。弘扬工匠精神，培育大国工匠，是实施质量强国战略的需要。国务院办公厅《关于促进建筑业持续健康发展的意见》（国办发〔2017〕19 号）中也提出了"加强工程现场建筑工人的教育培训。健全建筑业职业技能标准体系，全面实施建筑业技术工人职业技能鉴定制度"和"大力弘扬工匠精神，培养高素质建筑工人"要求。

按照住房和城乡建设部《关于加强建筑工人职业培训工作的指导意见》（建人〔2015〕43 号）等文件要求，为实现"到 2020 年，实现全行业建筑工人全员培训、持证上岗"的目标，按照住建部有关部门要求，由中国建设教育协会继续教育委员会会同江苏省住房和城乡建设厅执业资格考试与注册中心等组织国内行业知名企业专家、高级技师和院校学者、老师以及一线具有丰富工程施工操作经验人员，根据《建筑装饰装修职业技能标准》JGJ/T 315—2016 的具体规定，共同编写这本建筑工人岗位培训教材。

本书以实现全面提高建设领域职工队伍整体素质，加快培养具有熟练操作技能的技术工人，尤其是加快提高建筑工人职业技能水平，保证建筑工程质量和安全，促进广大建筑工人就业为目标，以建筑工人必须掌握的"基层理论知识"、"安全生产知识"、

"现场施工操作技能知识"等为核心进行编制，本书系统、全面、技术新、内容实用，文字通俗易懂，语言生动简洁，辅以大量直观的图表，非常适合不同层次水平、不同年龄的建筑工人在职业技能培训和实际施工操作中应用。

本书由胡本国主编，浙江亚厦装饰股份有限公司何静姿、深装总建设集团股份有限公司胡庆红为副主编，北京市金龙腾装饰股份有限公司谢宝英，深圳广田集团股份有限公司陈国谦、罗岸丰，南京华夏天成建设有限公司刘清泉，深圳市维业装饰集团股份有限公司王鹏，深圳瑞和建筑装饰股份有限公司魏惠强，苏州迈普工具有限公司（开普路 KAPRO）罗伟建，苏州金螳螂建筑装饰股份有限公司周晓军、冯黎喆，江苏华特建筑装饰股份有限公司金丽，深圳市建筑装饰（集团）有限公司刘婧参与编写。

限于编者水平，虽经多次审校，书中错误与不当之处在所难免，敬请广大同仁与读者不吝指正，在此谨表谢忱！

目　　录

一、图 纸 识 读

（一）施工图识读

施工图是建筑的语言。建设从业人员按照图纸上各种线条组合和标注的几何尺寸，通过投入和转换，就能最终形成工程实物，完成具有独立功能和使用价值的最终产品（单位工程或整个工程项目）。

建筑工程图是用来表达建筑物的构、配件组成、平面布局，外形轮廓、装饰装修尺寸、结构构造和材料做法的工程图纸。掌握识读建筑工程图，是涂裱工必须具备的基础知识。

房屋建筑施工图按专业分为：建筑施工图、结构施工图、设备施工图（水、暖、电、空调等）。涂裱工主要劳动对象，是对建筑基层进行装饰装修。由于分工的不同，在这三类图纸中，涂裱工应对建筑施工图进行学习和了解。

建筑施工图的分类及其作用：

（1）总平面图。表示建筑物用地及周围总体情况的图纸。是施工现场平面布置、新建建筑物定位、放线的依据。

（2）建筑平面图。表示建筑物房间的内部布局、内部交通组织、门窗位置及尺寸大小的图纸。

（3）建筑立面图。表示建筑物外观的图纸。表示建筑物正立面、背立面及侧立面的外形、尺寸、标高及外饰面装饰材料等。

（4）建筑剖面图。用来表示房屋内部空间的高度及构造做法的图纸。

（5）详图。表示建筑物各主要部位细部构造的放大图。

从上面所讲的作用看，建筑平面图、立面图、剖面图、详图关系到涂饰工程量和质量，更应该掌握其识读方法。

1. 总平面图识读

识别施工图，习惯的方法一般是由下向上，由大至小，由外及里，由粗到细。并要注意图纸上标注的文字说明。

对于总平面，只需了解新建建筑的位置关系、外围尺寸和高程即可。

2. 平面图、立面图、剖面图

表达一套完整的建筑装饰施工图的设计以图纸为主，其编排顺序为：封面；图纸目录；设计说明（或首页）；图纸（平、立、剖面图及大样图、详图）；工程施工阶段的材料样板。对于装饰工程施工人员，应熟悉施工图的主要内容及相关要求，尤其是增加了标准施工做法、细部节点构造等图纸。

（1）平面图

平面图所表现的内容主要有以下三大类：一是建筑结构及尺寸；二是装饰布局及结构及尺寸关系，三是设施与家具安放位置及尺寸关系。

1）索引平面图：指在平面图上标注了立面索引符号图例的图纸，图面以表现建筑构造、设备设施及室内墙体、门窗、墙体固定装饰造型（木制品家具可不表示）为主。

2）平面布置图（家具陈设布置图）：除了索引平面图的图样，还需表示所有的固定家具、活动家具、陈设品、地面家具上的相关设备设施。并标注建筑空间名称及主要设备设施的名称。

3）地面装饰平面图（地坪图、地面铺装图）：除了索引平面图的图样，还需表示不同部位（包括平台、阳台、台阶）地面材料的名称及图样、分格线，并标注标高、不同地面材料的范围界线及定位尺寸、分格尺寸。

4）电气设备布置图：一般是电气专业包含配电箱、电气开关插座布置的图纸。电气设备布置图需在装饰平面图纸的基础上进行定位。

（2）吊顶（顶棚）平面图

吊顶平面图，通常绘制为综合吊顶平面图，即除了吊顶装饰材料及不同的装饰造型、饰品需标明，在吊顶上的各种专业设施、设备（包括吊顶安装的灯具、空调风口、检修口、喷淋、烟感温感、扬声器、挡烟垂壁、防火卷帘、疏散指示标志等）也汇总标明在同一图面上，并标注必要的定位尺寸及间距、标高等。综合吊顶图，必须综合装饰及各专业单位的图纸，需要具备相关的专业基础知识。

（3）立面图

施工图设计的立面图，一般是指剖立面图（剖面图）。除了方案设计图或初步设计图要求的立面图纸深度基础上，还需进一步明确各立面上装修材料及部品、饰品的种类、名称、施工工艺、拼接图案、不同材料的分界线；应标注立面上不同材料交界及造型处的构造节点详图的索引图例；立面图上宜绘制与吊顶综合图类似的专业设备末端（壁灯、开关插座、按钮、消防设施）的名称及位置，也可以称作为综合立面图。

（二）节点详图和标准图

1. 节点详图

（1）图名

图名见图 1-1 所示。

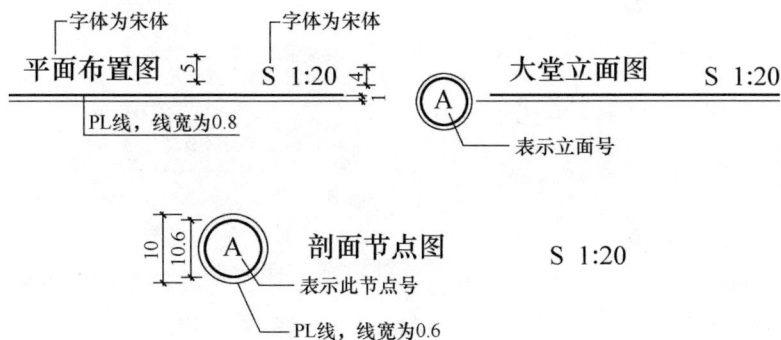

平面布置图   S 1:20   大堂立面图   S 1:20

字体为宋体   字体为宋体

PL线，线宽为0.8   Ⓐ 表示立面号

Ⓐ 剖面节点图   S 1:20

表示此节点号

PL线，线宽为0.6

图 1-1 图名示意

3

图 1-2 指北针

（2）指北针

指北针以细实线圆，直径 24mm，指针尾端宽 3mm。当采用更大直径圆时，尾端宽应是直径的 1/8（图 1-2）。

（3）定位轴线及其编号

建筑施工图中的定位轴线是施工定位、放线的重要依据。凡是承重墙、柱子等主要承重构件都应画上轴线来确定其位置。圆应用细实线绘制，直径为 8～10mm。定位轴线应用细单点长划线绘制（图 1-3）。

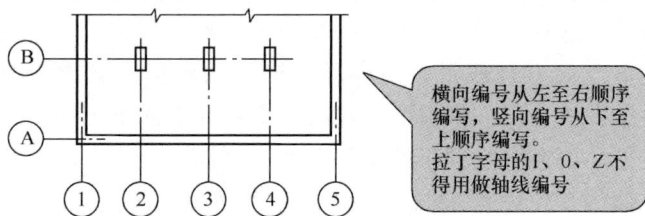

横向编号从左至右顺序编写，竖向编号从下至上顺序编写。
拉丁字母的I、0、Z不得用做轴线编号

图 1-3　定位轴线

一般承重墙柱及外墙编为主轴线，非承重墙、隔墙等编为附加轴线（又称分轴线）（图 1-4）。

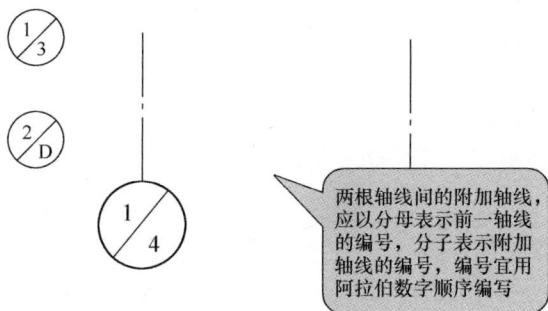

两根轴线间的附加轴线，应以分母表示前一轴线的编号，分子表示附加轴线的编号，编号宜用阿拉伯数字顺序编写

图 1-4　分轴线

（4）标高

标高是标注建筑物高度的一种尺寸形式。标高符号应以直角等腰三角形表示，用细实线绘制，一般以室内一层地坪高度为标

高的相对零点位置，低于该点时前面要标上负号，高于该点时不加任何符号。

需要注意的是：相对标高以 m 为单位，标注到小数点后三位。标注位置也可按照图 1-5 所示：

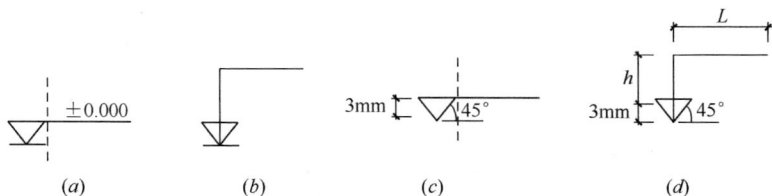

图 1-5　标高线

（5）引出线

1）引出线应以细实线绘制，宜采用水平方向的直线、与水平方向成 30°、45°、60°、90°的直线，或经上述角度再折为水平线。文字说明宜注写在水平线端部（图 1-6）。

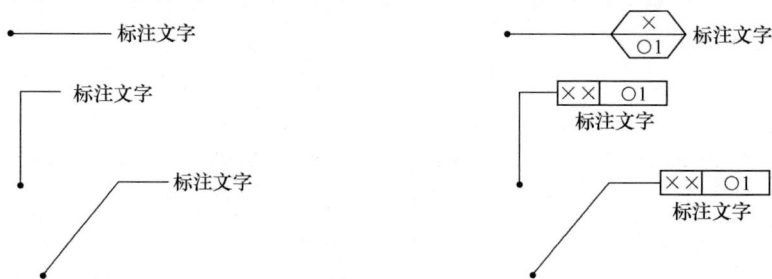

图 1-6　引出线

2）同时引出几个相同部分的引出线，宜互相平行，也可画成集中于一点的放射线（图 1-7）。

图 1-7　相同部分引出线互相平行

5

3）多层构造共用引出线，应通过被引出的各层。文字说明宜注写在水平线的上方，或注写在水平线的端部，说明的顺序应由上至下，并应与被说明的层次相互一致；如层次为横向排序，则由上至下的说明顺序应与左至右的层次相互一致（图1-8）。

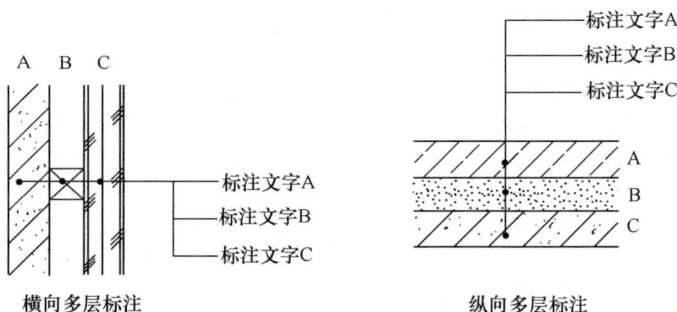

横向多层标注　　　　　　　纵向多层标注

图1-8　多层构造引出线

（6）材料索引符号

材料索引符号用于表达材料类别及编号，以矩形细实线来表示。

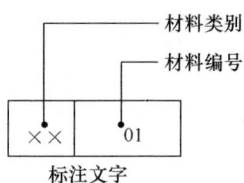

图1-9　材料索引符号

符号内的文字由大写英文字母及阿拉伯数字共同组成，其中英文字母代表材料的种类，阿拉伯数字代表该材料在此类材料中的编号（图1-9）。

（7）剖切符号

剖切符号是用于在平面、立面图中对各剖面做出的索引符号。剖切符号由引出线、剖视位置线和剖切索引号共同组成（图1-10）。

剖切索引上下半圆的内容不可颠倒，切三角箭头所指方向即剖视方向。

（8）立面索引符号

为表示室内立面在平面上的位置，应在平面图中用立面索引符号注明视点位置、方向及立面编号。立面索引符号由直径为

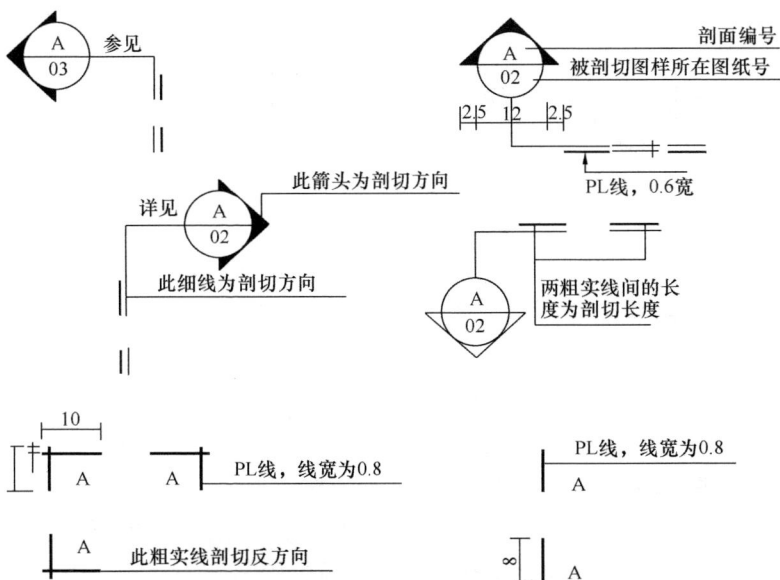

图 1-10 剖切符号

8～12mm 的圆构成，以细实线绘制，并以等腰三角形为投影方向共同组成。

圆内直线以细实线绘制，在立面索引符号的上半圆内用字母标识表示立面图的编号，下半部的数字为该立面图所在图纸的编号（图 1-11）。

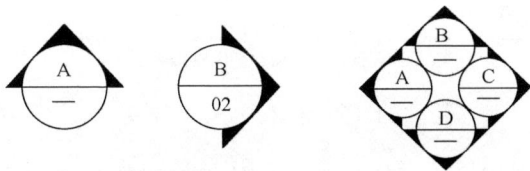

图 1-11 立面索引符号一

三角形方向随立面投视方向而变，在圆中水平直线、数字及字母不变方向（图 1-12）。

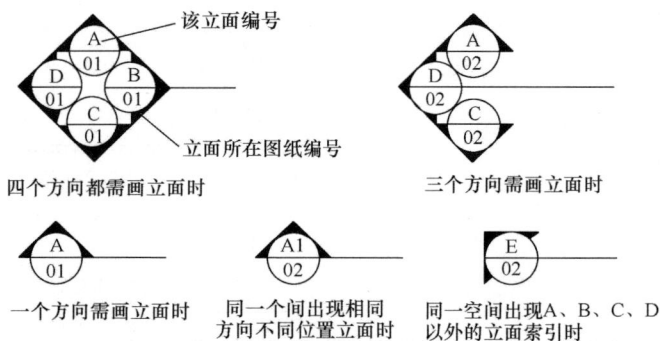

四个方向都需画立面时　　　　　　　三个方向需画立面时

一个方向需画立面时　　同一个间出现相同　　同一空间出现A、B、C、D
　　　　　　　　　　　方向不同位置立面时　以外的立面索引时

图 1-12　　立面索引符号二

（9）详图、大样符号

详图、大样索引符号用于对图纸中某一局部，需要引出后进行放大，有些需要另见详图，有些则可直接在图中引出部位进行放大。

需要另见详图的，其索引符号和详图符号如下：

1）索引符号：直径为 10mm 的细实线圆，细实线水平直径和引出线及编号（图 1-13）。

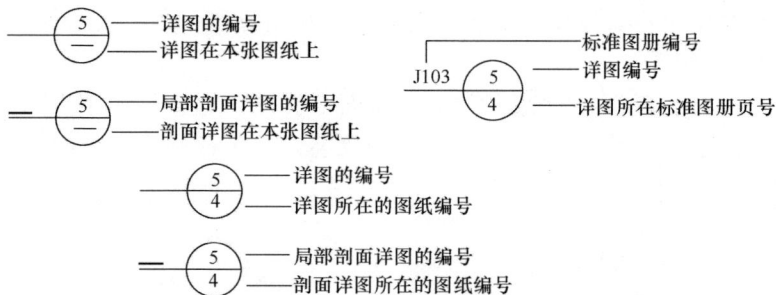

图 1-13　　详图、大样符号一

2）详图符号：直径为 14mm 的粗实线圆，细实线水平直径及编号（图 1-14）。

对于一些只需要进行直接详图索引的可不用选择区域，直接用详图索引号表示（图 1-15、图 1-16）。

⑤ —— 详图的编号

⑤/② —— 详图的编号
        —— 被索引的详图所在的图纸编号

图 1-14　详图、大样符号二

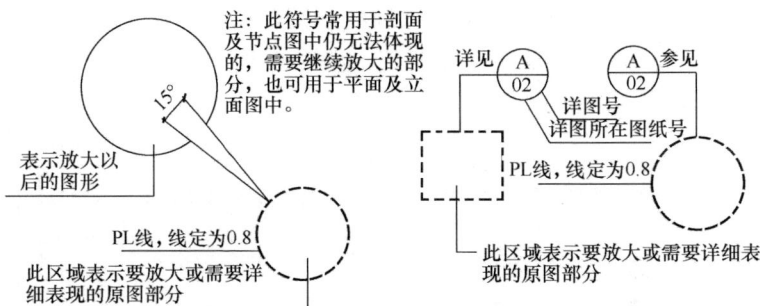

注：此符号常用于剖面及节点图中仍无法体现的，需要继续放大的部分，也可用于平面及立面图中。

表示放大以后的图形

PL线，线定为0.8

此区域表示要放大或需要详细表现的原图部分

详见 Ⓐ/02　　Ⓐ/02 参见

详图号
详图所在图纸号

PL线，线定为0.8

此区域表示要放大或需要详细表现的原图部分

图 1-15　详图、大样符号三

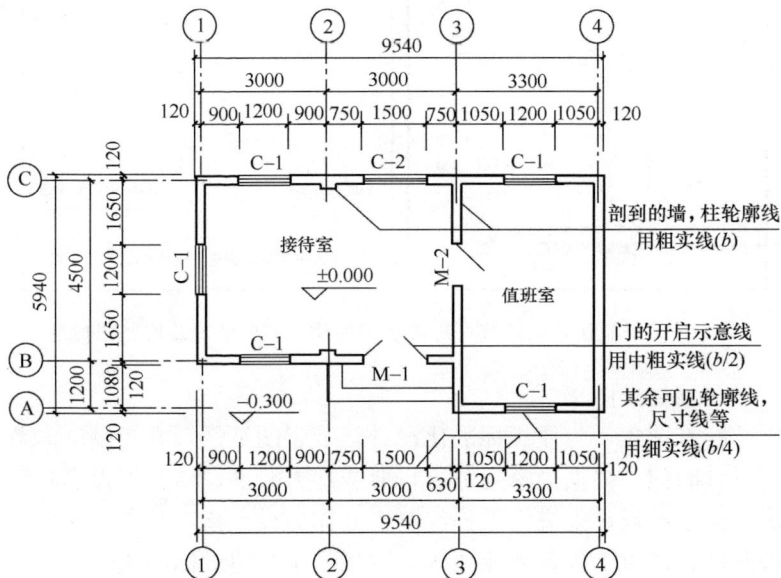

剖到的墙，柱轮廓线用粗实线(b)

门的开启示意线用中粗实线(b/2)

其余可见轮廓线，尺寸线等用细实线(b/4)

图 1-16　详图、图线

9

2. 标准图

本节主要介绍制图标准和标准图集。

（1）制图标准

国家现行的建筑工程制图标准主要有《房屋建筑制图统一标准》GB/T 50001—2017、《建筑制图标准》GB/T 50104—2010、《房屋建筑室内装饰装修制图标准》JGJ/T 244—2011 等（图 1-17），主要是为了统一房屋建筑制图规则，保证制图质量，提高制图效率，做到图面清晰、简明，符合设计、施工、存档的要求，适应工程建设的需要而制定的标准。

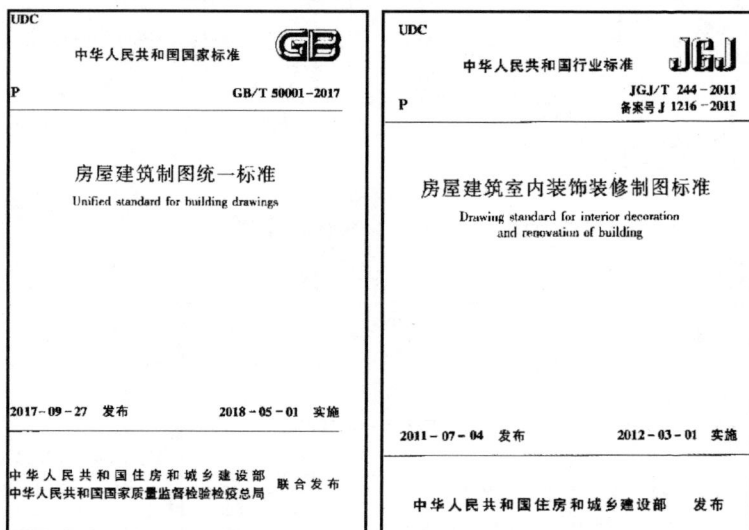

图 1-17　房屋建筑制图统一标准、房屋建筑室内装饰装修制图标准

（2）标准图集

标准图集，为便于标准化设计，节省图纸量，方便设计，节省设计时间，根据国家规范、行业或地方标准，结合工程实际情况，由标准设计院进行设计绘制，并作为设计指导及参考文件而编制的各建筑工程各专业图集。图集是工程建设标准化的重要组成部分，是工程建设标准化的一项重要基础性工作，是建筑工程

领域重要的通用技术文件。

　　建筑装饰装修专业编制的标准图集较多，主要有：《内装修——室内吊顶》12J502—2、《内装修——墙面装修》13J502—1、《内装修——楼（地）面装修》13J502—3 等(图 1-18)。

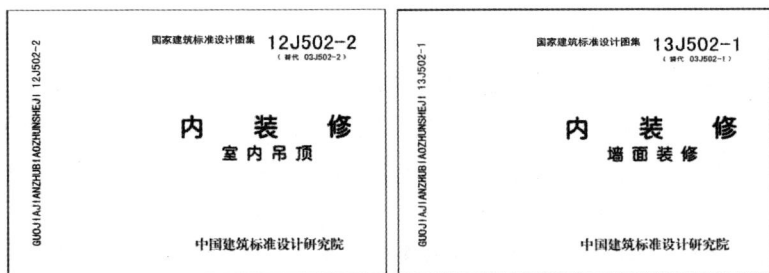

国家建筑标准设计图集 **12J502-2**
（替代 03J502-2）

内　装　修
室内吊顶

中国建筑标准设计研究院

国家建筑标准设计图集 **13J502-1**
（替代 03J502-1）

内　装　修
墙面装修

中国建筑标准设计研究院

图 1-18　内装修——室内吊顶、内装修——墙面装修

二、房屋构造

建筑工程根据其使用性质的不同，可以分为民用建筑工程、工业建筑工程、构筑物工程及其他建筑工程等。工业建筑工程根据其用途的不同，可以分为厂房（机房、车间）、仓库、辅助附属设施等。构筑物工程可以分为工业构筑物、民用构筑物、水工构筑物等。根据其空间位置的不同，建筑工程又可以分为地下工程、地上工程、水下工程、水上工程等。

（一）民用建筑分类及用途

民用建筑按照其用途又分为居住建筑、公共建筑及综合建筑。根据其用途的不同，可以细分为居住建筑、办公建筑、旅馆酒店建筑、商业建筑、居民服务建筑、文化建筑、教育建筑、体育建筑、卫生建筑、科研建筑、交通建筑、人防建筑、广播电影电视建筑等。

（二）民用建筑结构基本组成

一般民用建筑是由基础、墙和柱、楼层和地面、楼梯、屋顶和门窗等基本构件组成的，这些构件分处不同的部位，发挥各自的作用（图 2-1）。其中有的起承重作用，承受建筑物全部或部分载荷，确保建筑的完全；有的起围护作用，保证建筑物的使用和耐久年限；有的构件则起承重和围护双重作用。

1. 地基与基础工程

基础是建筑物最下部的承重构件，它承受建筑物的全部荷

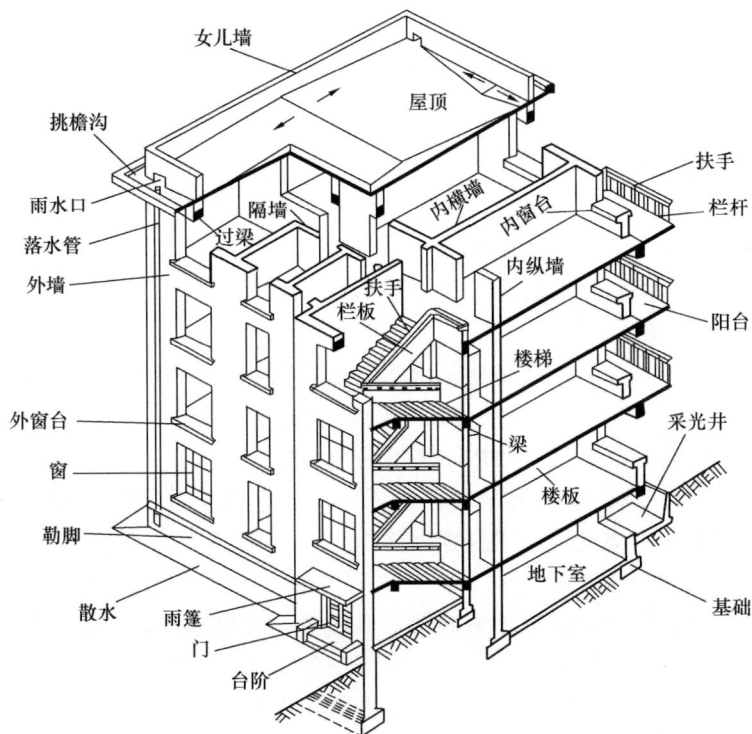

图 2-1　剖面图投影原理

载，并将荷载传给地基。

2. 主体结构

（1）柱。柱是主要承受房屋竖向荷载并有一定截面尺寸的点状支撑构件。

（2）梁。梁是将楼面或屋面荷载传递到柱、墙上的横向构件。

（3）楼板。楼板是直接承受楼面荷载的板，也是建筑物中水平方向分隔空间的构件。

（4）承重墙。承重墙是直接承受外加荷载和自重的墙体。墙是建筑物的竖向围护构件，在多数情况下也为承重构件，承受屋顶、楼层、楼梯等构件传来的荷载，并将这些荷载传给基础。

（5）非承重墙。非承重墙是一般情况下仅承受自重的墙体。

（6）楼梯。楼梯是由连续行走的梯级、休息平台和维护安全的栏杆（或栏板）、扶手以及相应的支托结构组成的作为楼层之间垂直交通用的建筑部件。

（7）栏杆。栏杆是高度在人体胸部与腹部之间，用于保障人身安全或分隔空间的防护分隔构件。

（8）阳台。阳台是附设于建筑物外墙，设有栏杆或栏板，可供人活动的室外空间。

（9）雨篷。雨篷是建筑出入口上方为遮挡雨水而设的部件。

（10）门。门是位于建筑物内外或内部两个空间的出入口处可启闭的建筑部件，用以联系或分隔建筑空间。

（11）窗。窗是为采光、通风、日照、观景等用途而设置的建筑部件，通常设于建筑物墙体上。

3. 建筑屋面

（1）檐口。檐口是屋面与外墙墙身的交界部位，作用是方便排出屋面雨水和保护墙身，又称屋檐。

（2）挑檐。挑檐是建筑屋盖挑出墙面的部分。

（3）女儿墙。女儿墙是建筑外墙高出屋面的部分。

（4）天沟。天沟是屋面上用于排出雨水的流水沟。

4. 建筑装饰装修

（1）顶棚。顶棚是建筑物房间内的顶板。

（2）窗台。窗台是建筑物的窗户下部的台面。

（3）踢脚、墙裙。踢脚、墙裙是设于室内墙面或柱身根部一定高度的特殊保护面层。

5. 室外建筑

（1）勒脚。勒脚是在房屋外墙接近地面部位特别设置的饰面保护构造。

（2）散水。散水是沿建筑外墙周边的地面，为避免建筑外墙根部积水而做的一定宽度向外找坡的保护面层。

（3）明沟。明沟是沿建筑外墙周边的地面，为汇集排放雨水而设的排水沟渠。

（4）坡道。坡道是联系室内外地坪或楼层不同标高而设置的斜坡。

（5）台阶。台阶是联系室内外地坪或楼层不同标高而设置的阶梯形踏步。

（6）泛水。泛水是为防止水平楼面或水面屋面与垂直墙面接缝处的渗漏，由水平面沿垂直面向上翻起的防水构造。

三、常用涂裱材料

（一）涂　　料

1. 水性涂料主要品种、特性

用水作溶剂或者作分散介质的涂料都可称为水性涂料。由于油性涂料有刺激性气味，水性涂料的应用越来越广泛，种类也不断得到发展，有一般性涂料、防水涂料等。

对于内墙涂料，必须符合现行国家标准《室内装饰装修材料内墙涂料中有害物质限量》GB 18582 和《民用建筑工程室内环境污染控制规范》GB 50325 的环保要求。

（1）水性涂料分类

按水溶剂类型一般分为水溶性、水稀释性和水分散性乳胶涂料等。

水溶性涂料是以水溶性树脂为成膜物配制的涂料；水稀释性涂料在施工中可以用水稀释，用后乳化乳液为成膜物配制的涂料；水分散乳胶涂料是以合成树脂乳液为成膜物配制的涂料。

按树脂类型可分为水性醇酸涂料、水性环氧涂料、水性丙烯酸涂料、水性聚氨酯涂料等。

（2）主要品种及特性

合成树脂乳液内外墙涂料，主要品种有丙烯酸酯乳液、苯-丙乳液。

水溶性内墙涂料，包括聚乙烯醇水玻璃内墙涂料、聚乙烯醇缩甲醛内墙涂料。

其他类型内墙涂料，包括多彩涂料、仿瓷涂料和艺术涂料等。

1）乳液型内外墙涂料

内墙乳胶漆以水为稀释剂，它是由合成树脂乳液加入颜料、填充剂以及各种助剂组成，经过研磨或分散处理后制成涂料。漆膜透气性好，绿色环保，附着力强，耐擦洗性，低 VOC，施工方便，乳胶漆适用于在混凝土、水泥砂浆、灰泥类墙面和加气混凝土等基层上涂刷。

2）丙烯酸酯乳胶漆

涂膜光泽柔和、耐候性好、保光保色性优良、遮盖力强、附着力高、易于清洗、施工方便、价格较高，属于高档建筑装饰内墙涂料。

3）苯-丙乳胶漆

耐候性、耐水性、抗粉化性、色泽鲜艳、质感好，由于聚合物粒度细，可制成有光型乳胶漆，属于中高档建筑内墙涂料。与水泥基层附着力好，耐洗刷性好，可以用于潮气较大的部位。

4）多彩涂料

多彩涂料主要应用于仿造石材涂料，是由不相混溶的两相成分组成，其中一相分散介质为连续相，另一相为分散相；在基础涂料中混入液体或胶化的两种以上不同颜色、大小及形状各异的带色微粒，组成的一种复合的悬浮分散体涂料；在涂装过程中，通过一次性喷涂，便得到色彩繁多、豪华美观的图案。适用于宾馆、影院、文化娱乐场所、商店、写字楼、住宅等建筑物内、外墙、顶棚等多种基面。

5）仿瓷涂料

仿瓷涂料又称瓷釉涂料，漆膜平整细腻，装饰效果像瓷釉饰面。仿瓷涂料水溶性树脂类主要成膜物质为水溶性聚乙烯醇，加入增稠剂、保湿助剂、细填料、增硬剂等配置而成的。仿瓷涂料主要适用于涂饰室内墙面、厨房卫生间衔接处、木材、机械、家具等装饰表面等。

6）真石漆

真石漆又称合成树脂乳液砂壁状涂料，涂膜外观具有像堆叠一层砂粒一样的石材质感效果，由基料和粒径与颜色相同或不同的彩砂颗粒制成，真石漆施工方便，装饰效果典雅高贵，具有较好的耐候性和耐久性。大多数以喷涂为主，也可以进行批涂施工，可以用于各种商业、娱乐、餐厅、宾馆等场所的墙面装饰和各种门套线条、家具线条饰面等。

7）浮雕涂料

浮雕涂料又称为复层涂料，通过调整涂膜形状和颜色，以及涂料花纹等方法得到质感逼真的彩色墙面质感效果涂料。浮雕涂料具有立体浮雕效果，涂层坚硬、粘结性强，涂膜质感丰满，变化万千。分合成树脂乳液类、硅酸盐类、聚合物水泥类和反应固化型合成树脂乳液类。适用于室内外已涂上适当底漆的各种基面装饰涂刷工程。

8）肌理漆

肌理漆是一种新型墙面装饰漆，具有独特的肌理性，色彩纯正，花型自然，适用于不同场合要求，肌理漆可因需求做出特殊造型和花纹效果。肌理漆适用于背景墙、艺术造型、立柱、吧台等各种涂饰装饰造型等。

9）金属箔质感漆

金属箔质感漆由纳米金属光材料、高分子乳液、助剂等原料应用高科技生产而成的产品，涂饰后具有金箔闪闪发光特点，给人一种高贵、典雅、与众不同的感觉，适用于各种场合室内外装饰，施工简便。

2. 油性涂料主要品种、特性

油性涂料是以有机溶剂为分散介质而制得的建筑涂料，含有挥发性的有机化合物，具有强烈的刺激性气味，含有甲醛、苯、甲苯、二甲苯、铅等有毒物质，常用香蕉水、天拿水作为稀释剂，含对人体有毒害物质，污染环境，易燃易爆等。

对于室内溶剂型木器涂料，必须符合现行国家标准《室内装饰装修材料溶剂型木器涂料中有害物质限量》GB 18581 和《民用建筑工程室内环境污染控制规范》GB 50325 的环保要求。

虽然溶剂型涂料存在污染环境，浪费能源以及成本高等问题，但溶剂型涂料仍有一定的应用范围，下面介绍几种常用溶剂型涂料的主要性能和应用范围。

（1）常用清漆

1）酯胶清漆

它是由干性油和甘油松香加热熬炼后，加入200号溶剂油或松节油调配而成的中、长油度清漆，其漆膜光亮、耐水性较好，但次于酚醛清漆，有一定的耐候性，适用于普通家具罩光。

2）酚醛清漆

它是由松香改性酚醛树脂与干性油熬炼，加催干剂和200号溶剂汽油或松节油作溶剂制成的长油度清漆。其耐水性比酯胶清漆好，但容易泛黄，主要适用于普通、中级家具罩光和色漆表面罩光。

3）醇酸清漆

它是由干性油改性的中油度醇酸树脂溶于松节油或200号溶剂、汽油与二甲苯的混合溶剂中，并加适量催干剂制成。其附着力、耐久性比酯胶清漆和酚醛清漆好，能自干，耐水性次于酚醛清漆，适用于室内外木器表面和作醇酸磁漆表面罩光用。

4）过氯乙烯清漆

它是过氯乙烯树脂与氯族苯等增韧剂和酯、酮、芳类溶剂制成。其干燥快、颜色浅、耐酸碱盐性能好，但附着力差，适用于化工设备管道表面防腐及木材表面防火、防腐、防霉。

5）过氯乙烯木器清漆

它是由过氯乙烯树脂、松香改性酚醛树脂、蓖麻油松香改性醇酸树脂等分别加入增韧剂、稳定剂和酯、酮、苯类溶剂制成。其干燥较快，耐火，保光性好，漆膜较硬，可打蜡抛光，耐寒性也好，供木器表面涂刷用。

6）硝基木器清漆

它是由硝化棉、醇酸树脂、改性松香、增韧剂和酯、酮、醇、苯类溶剂组合。漆膜具有很好的光泽，可用砂蜡、光蜡抛光、耐候性较差，适用于中、高级木器表面，木质缝纫机台板、电视机、收音机等木壳表面涂饰。

7) 丙烯酸木器漆

它的主要成膜物质是甲基丙烯酸不饱和聚酯和甲基丙烯酸酯改性醇酸树脂，使用时按规定比例混合，可在常温下固化，漆膜丰满，光泽好，经打蜡抛光后，漆膜平滑如镜，经久不变。漆膜坚硬，附着力强，耐候性好，固体含量高，适用于中、高级木器涂饰。

8) 聚氨酯清漆

它有甲、乙两个组分。甲组分由羟基聚酯和甲苯二异氰酸酯的预聚组成。乙组分是由精制蓖麻油、甘油松香与邻苯二甲酸酐缩聚而成的羟基树脂。其附着力强，坚硬耐磨，耐酸碱性和耐水性好，漆膜丰满，平滑光亮，适用于木器家具、地板、甲板等涂饰。

(2) 常用色漆

1) 油性调和漆

它由干性油、体质颜料经研磨后加催干剂、200 号溶剂汽油或松节油制成。比酯胶调和漆耐候性好，但干燥慢、漆膜较软，适用于室内外木材、金属和建筑物等标准涂饰。

2) 酚醛调和漆

它由长油度松香改性酚醛树脂与着色颜料、体质颜料经研磨后，加催干剂、200 号溶剂汽油制成。漆膜光滑、色泽鲜艳，适用于室内外一般金属和木质物体等的不透明涂饰。

3) 酚醛地板漆

它由中油度酚醛漆料、铁红等着色颜料、体质颜料经研磨，加催干剂、200 号溶剂汽油等制成。漆膜坚韧、平整光亮，耐水、耐磨性好，适用于木质地板或钢质甲板涂饰。

4) 醇酸磁漆

它由中油度醇酸树脂、颜料、催干剂、有机溶剂制成。漆膜平整、光亮、坚韧、机械强度和光泽度好，保光保色，耐候性优于酚醛磁漆，耐水性次于酚醛清漆，适用于室内各种木器涂料。

5）丙烯酸磁漆

它由甲基丙烯酸酯、甲基丙烯酸、丙烯酸共聚树脂等分别加入颜料、氨基树脂、增韧剂和酯、酮、醇、苯类溶剂制成，具有良好的耐水、耐油、耐光、耐热等性能，可在150℃左右长期使用，供轻金属表面涂饰。

6）环氧磁漆

它由环氧树脂色浆与乙二胺（或乙二胺加成物）双组分按比例混合而成。其附着力、耐油、耐碱、抗潮性能很好，适用于大型化工设备、贮槽、贮管、管道内外壁涂饰，也可用于混凝土表面。

（3）功能涂料

1）防水涂料

防水涂料经涂饰固化后形成无接缝和连续的防水薄膜，薄膜使建筑物表面与水隔绝，对建筑物起到防水与密封作用。具有一定的延伸性、抗裂性、耐候性、耐酸碱性强等特点。应用于建筑物屋面、阳台、厕所、浴室、游泳池、地下工程以及外墙墙面等需要进行防水处理的基层表面上。

2）防火涂料

防火涂料涂刷在可燃性基材表面，用以改变材料表面燃烧特性，有效阻止火焰蔓延和传播，从而减少火灾的发生。防火涂料附着力强，柔韧性，应保证耐火极限不低于20min，涂覆量不低于500g/m²，一级防火涂料泡层厚度不低于20mm，二级防火涂料的泡层厚度不低于10mm。非膨胀型防火涂料主要用于木材、纤维板等板材质的防火，用在木结构屋架、顶棚、门窗等表面。无毒型膨胀防火涂料可用于保护电缆、聚乙烯管道和绝缘板的防火涂料或防火腻子。乳液型膨胀防火涂料和溶剂型膨胀防火涂料可用于建筑物、电力、电缆的防火。

3）防锈漆

防锈漆主要成分是防锈颜料和成膜物质，是一种可保护金属表面免受大气和海水等腐蚀的涂料。防锈漆通常分为油性和水性两种，油性防锈漆含有有毒物质，国家已限制使用；水性防锈漆施工方便，寿命长，漆膜附着力强，可有效抑制金属的腐蚀。

（二）壁　　纸

壁纸是以纸为基材，上面覆有各种色彩或图案的装饰面层，用于室内墙面或顶棚装饰的一种饰面材料。

壁纸为目前国内外使用最广的室内装饰装饰材料之一，它通过印花、压光、发泡等不同工艺可取得仿木纹、石纹、锦缎和各种其他织物的外光，增强了装饰效果，所以深受欢迎。

1. 壁纸分类

壁纸主要分为塑料壁纸、发泡壁纸、纯纸壁纸、木纤维壁纸和金属壁纸等。

壁纸基层材料主要为塑料，也有纸基、布基、石棉纤维基层；面层材料多为聚乙烯或聚氯乙烯。面层效果多彩多样，有套色印花并压纹的，有仿锦缎、仿木材、石材、各种织物，甚至是仿清水砖的，还有带明显质感及静电植绒的。

随着工业技术的发展，装饰壁纸不但品种越来越多，质量也越来越好，还出现了多种具有特殊功能的壁纸，如阻燃壁纸、抗静电壁纸、吸声壁纸、放射线壁纸等。

2. 壁纸主要品种、特性

（1）壁纸的性能

1）粘贴性。粘贴性是指裱糊材料在粘贴后表面平整，粘结牢固，无翘起和空鼓现象的性能。

2）平挺性。平挺性是指裱糊材料收缩率的性能指标，直接影响裱糊施工效果。收缩率较小的裱糊材料，平挺性较好，不易发生弯曲变形，容易保持形状不发生变化。

3）耐光性。耐光性是指裱糊材料经受光线照射后，对褪色、老化等现象的抑制性能。耐光性好，证明裱糊材料可以延长在同等光线照射条件下发生不良现象出现的时间，延长使用寿命。

4）吸声性。吸声性是指裱糊材料的纤维材质能吸收声波、衰减噪声的性能。通常增加裱糊材料表面的凹凸效应是增加吸声性的主要方法。

5）阻燃防火性。阻燃防火性是指裱糊材料在不同条件不同环境下做出相应阻燃性的性能。通过对裱糊材料的发烟系数、发热量和燃烧产生的气体毒性来判断材料阻燃防火性优劣。

6）耐污性。耐污性是指裱糊材料抵抗空气中灰尘、细菌以及微生物侵蚀的性能。耐污性好的裱糊材料能保持清洁，不易沾染灰尘，经特殊处理过后的裱糊材料更能达到去污去油效果，延长使用寿命。

对于内墙壁纸，必须符合现行国家标准《室内装饰装修材料 壁纸中有害物质限量》GB 18585 和《民用建筑工程室内环境污染控制规范》GB 50325 的环保要求。

（2）壁纸的分类

1）塑料壁纸

目前市面上常见的壁纸所用塑料绝大部分为聚氯乙烯（或聚乙烯），简称 PVC 塑料壁纸。

塑料壁纸通常分为：普通壁纸、发泡壁纸等（图 3-1）。每一类又分若干品种，每一品种再分为各式各样的花色。

图 3-1　塑料壁纸、发泡壁纸

普通壁纸用 $80g/m^2$ 的纸作基材，涂塑 $100g/m^2$ 左右的 PVC 糊状树脂，再经印花、压花而成。这种壁纸常分作平光印花、有光印花、单色压花、印花压花几种类型。

2）发泡壁纸

发泡墙纸是以 $100g/m^2$ 的纸做基材，涂有 $300\sim400g/m^2$ 掺有发泡剂的 PVC 糊状树脂，经印花后再加热发泡而成。"发泡"又称网版浮雕发泡。是指在原材料中添加发泡剂，在生产过程中辅以高温，使得发泡剂完成类似"发酵"的过程。因此生产出来的墙纸会有凹凸感，手感柔软。主要采用纯正的金、银、丝等高级面料制成表层，手工工艺精湛，贴金工艺考究，价值较高，并且防水防火，易于保养。因为有可能用高纯度的铜、铝来代替金银，因此价格较低的产品很可能会被氧化产生变色。

3）纯纸墙纸

纯纸墙纸是一种全部用纸浆制成的墙纸，这种墙纸由于使用纯天然纸浆纤维，透气性好，并且吸水吸潮，故为一种环保低碳的家装理想材料，并日益成为绿色家居装饰的新趋势。

4）麻草壁纸

麻草壁纸是以纸为基底，以编织的麻草为面层，经复合加工而制成的墙面装饰材料。麻草壁纸具有吸声、阻燃、散潮气、不吸尘、不变形等特点，并且具有古朴、自然、粗犷的大自然之美，给人以置身原野之中、回归自然的感觉。它适合用于会议室、影剧院、接待室、酒吧、舞厅以及饭店、宾馆的客房等室内的墙面装饰，也用于商店的橱窗设计（图 3-2）。

图 3-2 麻草壁纸

5）纺织纤维壁纸

也称花色线壁纸。由棉、麻、丝等天然纤维或化学纤维制作成各种色泽、花式的粗细纱或纺织物，再与木浆基纸贴合制成，从而制成花样繁多的纺织纤维壁纸。这种壁纸材料感强，立体感强，色调柔和、高雅，具有无毒、吸声、透气等功能（图 3-3）。

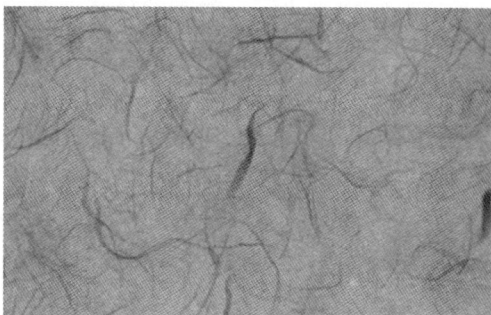

图 3-3　纺织纤维壁纸

6）特种壁纸

也称专用壁纸，是指具有特殊功能的塑料面层壁纸（图 3-4），如耐水壁纸、防火壁纸、抗腐蚀壁纸、抗静电壁纸、金属面壁纸、彩色砂粒壁纸、防污壁纸、图景画壁纸等。

图 3-4　特种壁纸

（三）玻　　璃

1. 玻璃分类

玻璃的种类很多，根据功能和用途，大致可以分为平板玻璃、声、光热控制玻璃、安全玻璃、装饰玻璃、特种玻璃等。

建筑玻璃是所有应用于建筑工程中的各种玻璃的总称。在现代建筑工程中，玻璃已由传统单纯作采光和装饰用的材料，向控制光线、调节热量、节约能源、隔声吸声、保温隔热以及降低建筑结构自重、改善环境等多功能方面发展。另外，像防弹玻璃、防盗玻璃、防辐射玻璃、防火玻璃、泡沫玻璃、电镀玻璃等特种玻璃还具有各种特殊用途。

2. 玻璃主要品种、特性

（1）平板玻璃

平板玻璃按颜色属性分为无色透明平板玻璃和本体着色平板玻璃。按生产方法不同，可分为普通平板玻璃和浮法玻璃两类。根据国家标准《平板玻璃》GB 11614—2009 的规定，平板玻璃按其公称厚度，可分为 2mm、3mm、4mm、5mm、6mm、8mm、10mm、12mm、15mm、19mm、22mm、25mm 共 12 种规格。

（2）装饰玻璃

1）彩色平板玻璃

彩色平板玻璃又称有色玻璃或饰面玻璃。彩色玻璃分为透明和不透明的两种。透明的彩色玻璃是在平板玻璃中加入一定量的着色金属氧化物，按一般的平板玻璃生产工艺生产而成；不透明的彩色玻璃又称为饰面玻璃。

彩色平板玻璃也可以采用在无色玻璃表面上喷涂高分子涂料或粘贴有机膜制得。这种方法在装饰上更具有随意性。

彩色平板玻璃的颜色有茶色、黄色、桃红色、宝石蓝色、绿色等。

彩色玻璃可以拼成各种图案，并具有耐腐蚀、抗冲刷、易清洗等特点，主要用于建筑物的内外墙、门窗装饰及对光线有特殊要求的部位。

2）釉面玻璃

釉面玻璃是指在按一定尺寸裁切好的玻璃表面上涂敷一层彩色的易熔釉料，经烧结、退火或钢化等处理工艺，使釉层与玻璃牢固结合，制成的具有美丽色彩或图案的玻璃。

釉面玻璃的特点是：图案精美，不褪色，不掉色，易于清洗，可按用户的要求或艺术设计图案制作。

釉面玻璃具有良好的化学稳定性和装饰性，广泛用于室内饰面层，一般建筑物门厅和楼梯间的饰面层及建筑物外饰面层。

3）压花玻璃

压花玻璃又称为花纹玻璃或滚花玻璃。有一般压花玻璃、真空镀膜压花玻璃和彩色膜压花玻璃几类。

4）喷花玻璃

喷花玻璃又称为胶花玻璃，是在平板玻璃表面贴以图案，抹以保护面层，经喷砂处理形成透明与不透明相间的图案而成。喷花玻璃给人以高雅、美观的感觉，适用于室内门窗、隔断和采光。

5）乳花玻璃

乳花玻璃是在平板玻璃的一面贴上图案，抹以保护层，经化学蚀刻而成。它的花纹柔和、清晰、美丽，富有装饰性。

6）刻花玻璃

刻花玻璃是由平板玻璃经涂漆、雕刻、围蜡与酸蚀、研磨而成。图案的立体感非常强，似浮雕一般，在室内灯光的照耀下，更是熠熠生辉。刻花玻璃主要用于高档场所的室内隔断或屏风。

7）冰花玻璃

冰花玻璃是一种利用平板玻璃经特殊处理而形成的具有随机裂痕似自然冰花纹理的玻璃。冰花玻璃对通过的光线有漫射作用。它具有花纹自然、质感柔和、透光不透明、视感舒适的特点。

冰花玻璃装饰效果优于压花玻璃，给人以典雅清新之感，是一种新型的室内装饰玻璃。可用于宾馆、酒楼、饭店、酒吧间等场所的门窗、隔断、屏风和家庭装饰。

（3）安全玻璃

1）防火玻璃

普通玻璃因热稳定性较差，遇火易发生炸裂，故防火性能较差。防火玻璃是经特殊工艺加工和处理、在规定的耐火试验中能保持其完整性和隔热性的特种玻璃。防火玻璃原片可选用浮法平板玻璃、钢化玻璃、复合玻璃，还可选用单片玻璃制造。按结构可分为复合防火玻璃和单片防火玻璃；按耐火性能可分为隔热型防火玻璃和非隔热型防火玻璃。

防火玻璃具有较强的防火性能，主要应用于有防火隔热要求的建筑幕墙、隔断等构造和部位。

2）钢化玻璃

钢化玻璃是用物理的或化学的方法，在玻璃的表面上形成一个压应力层，而内部处于较大的拉应力状态，内外拉压应力处于平衡状态，玻璃本身具有较高的抗压强度，表面不会造成破坏的玻璃品种。当玻璃受到外力作用时，这个压应力层可将部分拉应力抵消，避免玻璃的碎裂，从而达到提高玻璃强度的目的。

3）夹丝玻璃

夹丝玻璃也称防碎玻璃或钢丝玻璃。它是用压延法生产的，即在玻璃熔融状态时将经预热处理的钢丝或钢丝网压入玻璃中间，经退火、切割而成。夹丝玻璃表面可以是压花的或磨光的，颜色可以制成无色透明或彩色的。

4）夹层玻璃

夹层玻璃是由两片或多片玻璃之间夹一层或多层有机聚合物中间膜，经过特殊的高温预压（或抽真空）及高温高压工艺处理后，使玻璃和中间膜永久粘合为一体的复合玻璃产品。夹层玻璃不是防火玻璃，但具有一定的防火能力。夹层玻璃可以隔声。夹层玻璃在整个声波频率范围内控制噪声非常出色。

夹层玻璃富有弹性，能抵抗冲击力、防盗、适当组合可以防弹，并且能够隔声、隔热、控制光线、阻挡紫外线。但它的机械强度和热稳定性不如钢化玻璃。

钢化夹层玻璃选用 PVB 胶片的厚度至少应在 0.76mm 以上，否则，钢化夹层玻璃的轻微变形就会影响最终产品质量。

夹层玻璃具有安全性、安防性、隔声性、遮阳等功能。

用于生产夹层玻璃的原片可以是浮法玻璃、钢化玻璃、着色玻璃、镀膜玻璃等。夹层玻璃的层数有 2、3、5、7 层，最多可达 9 层。

（4）节能装饰型玻璃

1）着色玻璃

着色玻璃是一种既能显著吸收阳光中热作用较强的近红外线，而又保持良好透明度的节能装饰性玻璃。着色玻璃通常都带有一定的颜色，所以也称为着色吸热玻璃。着色玻璃能有效吸收太阳的辐射热，产生"冷室效应"，可吸收较多可见光，使透过的阳光变得柔和，并能较强吸收太阳的紫外线，防止紫外线对室内物品的褪色和变质作用。

2）镀膜玻璃

镀膜玻璃分为阳光控制镀膜玻璃和低辐射镀膜玻璃，是一种既能保证可见光良好透过又可有效反射热射线的节能装饰型玻璃。镀膜玻璃是由无色透明的平板玻璃镀覆金属膜或金属氧化物而制得。根据外观质量，阳光控制镀膜玻璃和低辐射镀膜玻璃可分为优等品和合格品。

3）中空玻璃

中空玻璃是由两片或多片玻璃以有效支撑均匀隔开，并周边粘结密封，使玻璃层间形成带有干燥气体的空间，从而达到保温隔热效果的节能玻璃制品。中空玻璃按玻璃层数，有双层和多层之分，一般是双层结构。可采用无色透明玻璃、热反射玻璃、吸热玻璃或钢化玻璃等作为中空玻璃的基片。

4）真空玻璃

真空玻璃是指两片或两片以上平板玻璃以支撑物隔开，周边密封，在玻璃间形成真空层的玻璃制品。

（四）腻　　子

1. 腻子分类

腻子是涂饰工程施工过程中必不可少的配套材料之一，与涂料使用密不可分，对涂饰工程的质量产生重要影响。腻子有现场手工调配和商品腻子两大类，随着涂饰工程的发展，商品腻子已经应用到各行各业。商品腻子主要分为木器腻子、车辆腻子、机械产品腻子和建筑墙面腻子，本章节重点讨论建筑墙面腻子（以下简称腻子）。

腻子又叫批灰或填泥，用来填充基层表面原有凹坑、裂缝、孔眼等缺陷，从而使基层表面平整，涂饰时省工、省料、省力，使涂饰工程更加美观。

腻子按照用途可以分为墙面腻子、木器腻子、金属腻子和功能型建筑腻子；按外观可以分为：粉状腻子、膏状腻子和双组分腻子；按成膜物质种类主要分为水性丙烯酸腻子、VAE腻子、醇酸腻子、硝基腻子、环氧腻子和过氯乙烯腻子等。

2. 腻子的主要品种、特性

墙面腻子包括内墙腻子、外墙腻子、柔性耐水腻子等。相比之下，内墙腻子的批刮性、腻子膜细腻性等方面高于外墙腻子，但外墙腻子种类较多，其物理力学性能要求强于内墙腻子。通常，内墙腻子分为一般型、柔韧性和耐水性三类。

一般型内墙腻子通常用符号 Y 表示，适用于室内一般装饰工程；柔韧性内墙腻子通常用符号 R 表示，适用于室内要求具有一定抗裂要求的装饰工程；耐水性内墙腻子通常用符号 N 表示，适用于室内要求具备耐水性的装饰工程。

外墙腻子直接处于大气环境中，直接受到自然环境影响，如光照、雨水、气候、风化等影响，因此对外墙腻子的物理力学性能有着较高的要求。外墙腻子要求腻子膜具有较高的拉伸强度和粘结强度，才能保证稳定牢固附着于墙体基层上，经过雨水侵蚀、冻融破坏不会影响脱落；具有较强的抗开裂性和较低吸水率，基层开裂后不会轻易使腻子层开裂，吸水率可以避免雨水对腻子膜吸水后体积膨胀破坏。

外墙腻子按不同组分为单组分（D型）和双组分（S型）两类；按适用的基面分为Ⅰ型和Ⅱ型两种型号；按腻子柔韧性或抗裂性的不同分为普通型（P型）、柔性（R型）和弹性（T型）三类。

腻子对基层的附着力、腻子强度及耐老化性等常常会影响到整个涂层的质量。因此，腻子要求具有较强的附着力，对上层底漆有较好的结合力，并且要求色泽基本一致。应根据基层、底漆、面漆的性质选用配套的腻子。

随着我国建筑涂饰行业快速发展，建筑腻子也出现了许多新技术应用，如保温腻子、石膏嵌缝腻子、调温调湿内墙腻子等。

保温腻子是指具有一定保温功能的腻子，但由于保温腻子的保温性能有限，因此保温腻子不能单独作为墙面保温材料使用，只能配合在墙体保温层平整度等指标较差时找平或其他特殊应用时应用。

石膏嵌缝腻子主要是指应用于内墙石膏板嵌缝或其他作用的腻子，由于石膏耐水性较差，因此石膏嵌缝腻子通常只能应用于室内各种石膏板缝的嵌填。石膏基材料凝结硬化时间短、强度增长快，体积收缩较小，从而使石膏基材料最能达到所需强度要求，因此，石膏嵌缝腻子具备良好的应用基础。

调温调湿内墙腻子属于功能性膏状内墙腻子，以零 VOC 弹性乳液为成膜物，以硅藻土为主要填料，定型相变储能材料，配用抗裂剂和多种助剂制备而成。该腻子具有调温调湿、抗菌防霉、保温隔热、释放负离子、清新空气等多种功能。

在进行室内涂饰和裱糊工程时，应优选选用绿色环保型室内墙面用腻子，与传统腻子相比，其配制选用质地优良的天然材料，具有良好的耐水性、耐碱性和柔韧性，粘结性较高，施工简便，阻燃、透气等特点，使用时可明显节约乳胶漆用量，增加墙面附着力。

（五）白胶裱糊料

白胶裱糊料是裱糊工程质量控制的关键因素，白胶料应根据裱糊材质的特点选用配套产品，同时重点考虑粘结强度高，施工方便，耐久性好，不含对人体有害的甲醛、苯类、重金属、氨及放射性有害物质等要求。

对于室内建筑装饰装修用胶粘剂中有害物质限量，必须符合现行国家标准《室内装饰装修材料胶粘剂中有害物质限量》GB 18583 和《民用建筑工程室内环境污染控制规范》GB 50325 的环保要求。

1. 白胶裱糊料分类

白胶裱糊料按物理形态不同分为粉状、液体、胶状三种；按照材质可分为普通墙纸胶粉、现场拌制胶浆、糯米湿胶三种。

（1）墙纸胶粉

墙纸胶粉是以纯天然植物纤维为原料，经过合成技术提取的绿色环保材料。具有粘结强度高、粘结寿命长等特点。适用于各类墙纸、墙布。

（2）现场拌制的墙纸胶浆

现场拌制墙纸胶料是在纤维素或淀粉中添加了合成物质墙纸胶浆或白乳胶增加黏性使用。墙纸胶浆是由天然植物中提取的碳水化合物及高分子聚合物提炼而成。无味、无毒、不刺激皮肤、施工方便。胶粉和胶浆需配合使用，根据产品使用说明书，按墙纸胶粉、墙纸胶浆比例配制并充分搅拌后即可达到使用效果。通常情况下当日配制的裱糊料当日用完，并有专人管理，使用非金属容器盛装。

（3）糯米湿胶

湿胶黏性强大、绿色环保，施工方便，黏度值是普通胶粉胶浆的三倍以上，适合多种墙纸。

2. 白胶裱糊料主要品种、特性

（1）裱糊墙纸基膜

裱糊墙纸基膜是以丙烯酸乳液加入其他辅助添加剂配制生产的抗碱、防潮、防霉的墙面处理材料。

墙纸基膜的作用：可以有效地防止墙体基层的潮气水分及碱性物质向外渗透，起到防潮防霉的作用，有效延长壁纸的使用寿命。同时在面层墙纸和墙体基层中间形成一道坚硬的保护膜，防止腻子粉化，固化和保护墙体基层腻子，便于墙纸粘贴牢固。墙体基层腻子必须完全干燥后才能涂刷墙纸基膜胶。

（2）墙纸胶粉

墙纸胶粉主要以天然树脂淀粉、马铃薯淀粉、高性能植物纤维素为原料淀粉，辅以微量增粘剂和防霉剂组成的白色胶粉，产品为白色片状粉末，能溶于冷水，水溶液为乳白色黏稠胶液，具有粘结力强、性能稳定、水溶性好、易于施工等特点，不含甲醛、完全无毒、无害、绿色环保材料，能有效提高墙纸粘结力并防止墙纸发黄、开裂、翘边等缺陷。施工时不需要和胶浆混合使用。应根据说明书，与清水进行现场调制，搅拌后静置，使之溶解均匀无团块。

（3）墙纸胶浆

墙纸胶浆主要是由天然植物中提取的碳水化合物及高分子聚合物提炼而成。无味、无毒、不刺激皮肤、施工方便。施工时需要和胶粉混合使用。

（4）聚醋酸乙烯酯

聚醋酸乙烯酯也称为白乳胶，是由醋酸乙烯单体在引发剂作用下经聚合反应而制得的一种热塑性粘合剂。外观透明、溶于苯、丙酮和三氯甲烷等溶剂。无色黏稠液或淡黄色透明玻璃状颗粒，无臭，无味，有韧性和塑性，常作为粘合剂使用。缺点是低温时使用性能较差。粘贴墙布施工时需要在墙纸胶粉、墙纸胶浆配制的胶料中适当加入白胶，增加胶粘剂的粘结力。

（5）糯米胶

糯米胶是由天然植物型淀粉高湿糊化、添加 PVA 树脂、防霉剂等物理变性而成的合成物质墙纸胶料，粘力均匀，粘结力高，抗冻性和抗菌性能好，施工方便，适用于厚重墙纸、墙布、特殊墙纸的粘贴专用粘合材料。

四、基 层 处 理

（一）腻　　子

1. 施工准备

（1）图纸准备

1）熟悉图纸，了解施工作业面。

2）接受图纸、技术安全施工交底。

（2）材料准备

1）成品腻子粉、石膏粉、高强接缝纸带、玻纤网格布、防锈漆等。

2）砂纸、纸胶带。

（3）机具、耗材准备

擦布、纱头、灰刀、刮板、抹子、腻子托板、砂纸、大小料桶、水桶、滚筒、刷子、搅拌器、铝合金靠尺、水平仪、人字梯、马凳、活动脚手架等（图 4-1）。

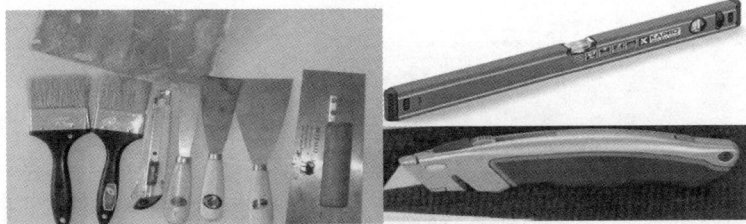

图 4-1　水平仪、灰刀、抹子、美工刀等

（4）现场条件

1）墙、顶面基层已经完成并经过质量验收，隐蔽工程验收

记录已完成。

2）已完成施工安全及技术交底工作。

3）各相关专业工种之间已完成交接检验，质量符合标准要求。

4）基层含水率小于10％。

（5）腻子调配

1）按比例将滑石粉、熟胶粉、白乳胶、石膏粉等用搅拌器调成需要稠度待用。

2）或用成品腻子粉、水用搅拌器调成需要稠度待用（图 4-2）。

图 4-2　腻子搅拌

2. 工艺流程

基层处理—批刮第一遍腻子—打磨—批刮第二遍腻子—打磨—批刮第三遍腻子—打磨。

（1）基层处理

1）将墙面起皮及松动处清除干净，检查基层平整度，对特别凸出地方凿掉或整平。对局部特别凹的地方用石膏粉和建筑胶补平（图 4-3），干燥后用砂纸将凸出处磨掉，将残留灰渣铲除干净，然后将

图 4-3　局部补平

墙面扫净。接缝用接缝胶批二遍后贴上绑带以防开裂。

2）防锈处理：用防锈漆调普通硅酸盐水泥制成补钉眼腻子（推荐使用）；用补钉眼腻子将石膏板表面所有钉眼填补密实，不得遗漏（图 4-4）。

图 4-4　所有钉眼填补密实

3）防裂处理：石膏板间的拼缝处用调好的嵌缝石膏腻子填塞满，嵌缝石膏用水、白乳胶、石膏调成腻子；再用白乳胶将浸湿的接缝纸带粘在拼缝处，拉直抹平（图 4-5）。

图 4-5　石膏腻子填塞满、接缝纸带粘在拼缝处

（2）满批腻子

批腻子遍数可由墙顶面平整程度决定，通常为三遍，墙顶面阴角可用墨斗弹线找准点（图 4-6），顶面应考虑阴阳角垂直度

用螺栓暂固定。先阴角后阳角（图 4-7），由内到外，自上而下循序进行。

图 4-6　墨斗弹线

图 4-7　先阴角后阳角

按顺序将腻子批嵌到墙面，批时上下或左右拉直，厚度均匀，用直尺调平，阴阳角用直尺靠直，等待干透（图 4-8）。

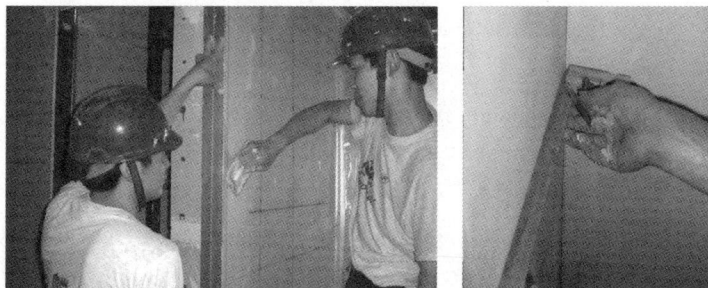

图 4-8　阴阳角用直尺靠直

第一遍腻子干燥后打磨砂纸，将浮腻子及斑迹磨光，然后将墙顶面清扫干净。

第二遍与前次的方向成 90°顺序满批腻子，注意批腻子接口处平整，阴阳角二次靠角，所用材料及方法同第一遍腻子，干燥后用砂纸磨平并清扫干净（图 4-9）。

第三遍用胶皮刮板找补腻子或用钢片刮板满刮腻子，将墙顶面刮平刮光，干燥后用细砂纸磨平磨光，无明显划痕，边角分界清晰，不得遗漏或将腻子磨穿。阴阳角用直尺靠在角上进行平

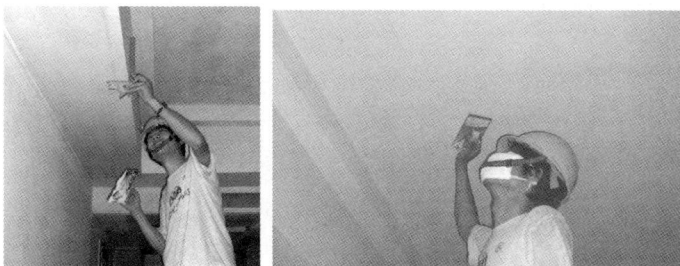

图 4-9 阴阳角二次靠角、磨平

磨，确保阴阳角的顺直。打磨面应佩戴防护工具，可用灯光照射检查，打磨后应及时清理，保持现场卫生（图 4-10）。

图 4-10 用灯光照射检查

批刮的腻子层不宜过厚，批刮面完全干燥后方可进行下道工序施工。底层腻子未干透不得做面层。

3. 质量标准

腻子层表面应洁净、平整、阴阳角顺直，无凹凸、漏刮，颜色应一致，手感细腻光滑，无污染等现象。

4. 质量通病预防

（1）腻子层过厚（20mm 左右）出现龟裂现象

1）施工前加强和土建的交接验收，发现墙体不平整问题，及时报告监理、业主，请其协调解决。

2）技术措施：首先基层清理干净，用建筑胶水与界面剂搅拌均匀，用滚筒滚刷一遍（起拉毛作用），然后薄薄批刮一遍腻子，用玻纤网格布满贴，接着腻子分层拉平；一次性腻子批刮不超过8mm，需等上一遍腻子干透后，再进行下一遍腻子批刮。

（2）墙面腻子基层大面积空鼓

1）若是剪力墙墙面基层，采用钢刷打磨处理，并滚刷一道界面剂。

2）若是加气块或其他多孔砖墙体，应满铺一道玻纤网格布，再进行粉刷施工。

3）不同材料交界处应增加一道钢丝网或玻纤网格布加固，搭接宽度不小于150mm。

4）腻子基层完成干透后，立即打磨，封一道底漆。

（二）粉 刷 石 膏

1. 施工准备

（1）图纸准备

1）熟悉图纸，了解施工作业面。

2）接受图纸、技术安全施工交底。

（2）材料准备

1）粉刷石膏（成品袋装材料）：用于抹灰粉刷层。

2）水：用于拌制石膏砂浆。

3）网格布：用于各结构缝及线管线槽等部位。

（3）机具准备

1）砂浆搅拌、运输机具。

2）激光投线仪、测距仪、角尺、塞尺、2m靠尺、吊线锤、空鼓锤、刮刀、钢板抹子、阴阳角抹子、托灰板、抹灰桶、铝合金长尺（用于冲筋）、铝合金直尺（用于做护角）、铝合金刮尺

（0.4～2.0m 长用于刮墙）、铁锹、扫帚、水桶、水管、跳板、木凳、短梯等（图4-11）。

图 4-11　激光投线仪、测距仪

（4）现场条件

1）墙面基层已经完成并经过质量验收，隐蔽工程验收记录已完成。

2）已完成施工安全及技术交底工作。

3）各相关专业工种之间已完成交接检验，质量符合标准要求。

4）基层含水率小于10％，pH酸碱度小于10。

2. 工艺流程

测量放线—贴玻纤网格布—打点、冲筋—护角—喷灰—修补—清理、养护。

（1）测量放线

1）根据轴线、主控线、1m线确定开间、进深以及门窗洞口尺寸（图4-12）。

2）根据控制线及门洞尺寸确定打点位置和冲筋线。

3）放线过程中，对施工界面尺寸存在问题的部位应及时通知相关管理人员进行处理。

图 4-12　测量放线

（2）贴玻纤网格布

1）墙面满涂界面剂。

2）贴玻纤网格布。网格布接头处搭接宽度不小于 100mm（图 4-13）。

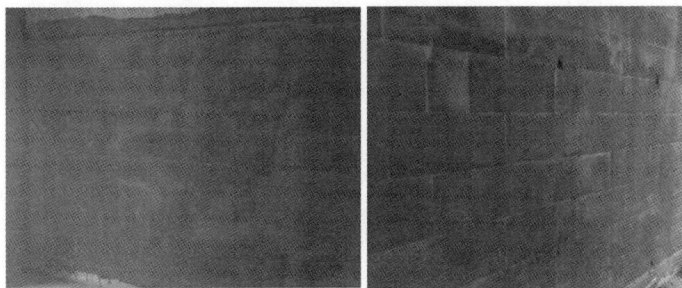

图 4-13　贴玻纤网格布防裂

（3）打点、冲筋

1）按照放线、打点、冲筋的尺寸、位置要求进行施工，不得偷减打点、冲筋数量。打点保证上下点位，在同一垂直面上，打点时需进行样板房排版，确保点位布置合理，打点上口的宽度与冲筋的宽度一致（图 4-14）。

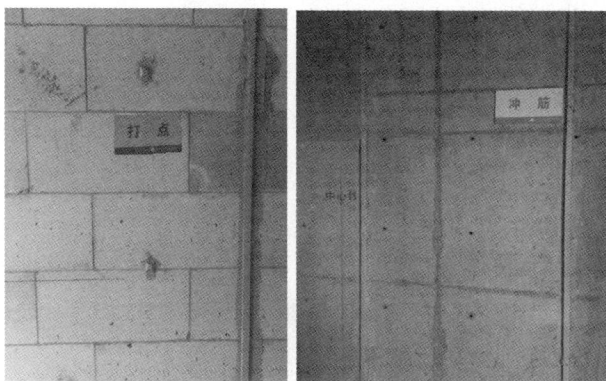

图 4-14　打点、冲筋样板

2）打点、冲筋前应先检查各结构缝及线管线槽等部位是否粘贴网格布及其施工质量，对遗漏和达不到质量要求的部位，及时通知上道工序施工人员进行处理。

3）打点、冲筋用料必须调制均匀，灰筋饱满，表面光洁平整，垂直平整必须控制在 2mm 内。

（4）护角

用 1∶2 水泥砂浆，沿室内的墙面、柱面、门窗洞口的阳角做成 50～70mm 宽水泥砂浆护角。护角做成外高内低，角度不大于 60°，墙柱阳角不低于 2m，门窗洞口做整长（图 4-15）。

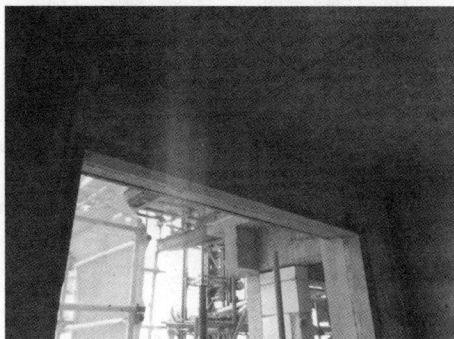

图 4-15　门窗洞口水泥砂浆护角

（5）机械喷灰

1）墙面喷刮前应先检查灰筋是否按照要求冲、接完整。

2）喷刮前应先对墙面进行洒水湿润。

3）对钢筋混凝土剪力墙面，可先进行人工满批一遍，厚度在 3～5mm，待初凝后再进行机器喷涂（或者在喷涂完成后，人工及时跟进压泡），从而消除剪力墙墙面的气泡。

4）墙面需喷刮至灰筋面并使墙面平整、光洁（图 4-16）。

图 4-16　墙面喷灰、压平

5）阴角部位需喷刮到位收至垂直、平整。

6）每间房喷刮完成后，门、窗边及地面散落余料应及时清理干净，确保干净、整洁。

7）喷刮过程中，对出现的空鼓、气泡以及裂纹等质量问题应及时修补处理，做到每间房喷刮完成后跟进修补（图 4-17）。

8）喷灰总厚度大于等于 35mm 时，应增加加强网。不同材料基体交界处应采用加强网，加强网与各基体的搭接宽度不应小于 100mm。

（6）修补

1）质量员对石膏砂浆喷刮完成后的作业面进行实测实量，并及时安排人员进行修补，用专用工具将表面毛糙、凸出部位和

图 4-17 空鼓、气泡修补前、后

误差点进行挫平，从而达到质量标准要求。

2）房间方正、开间、进深和墙面垂直、平整度以及阴阳角修补至质量标准要求（图 4-18）。

图 4-18 墙面垂直、平整度检查

（7）清理、养护

1）修补完成后对施工作业面进行清理，将遗留的材料、施工机具及其配件等清理出作业面并清扫干净，施工现场做到工完场清。

2）各层在凝结前应防止快干、水冲、撞击、振动和受冻，在凝结后应采取措施防止污染和损坏。

3. 质量标准

（1）达到《建筑装饰装修工程质量验收标准》GB 50210—2018 质量验收标准要求，其允许偏差和检验方法如表 4-1 所示。

一般抹灰的允许偏差和检验方法　　　　表 4-1

项次	项目	允许偏差（mm）	检验方法
1	立面垂直度	3	用 2m 垂直检测尺检查
2	表面平整度	3	用 2m 靠尺和塞尺检查
3	阴阳角方正	3	用直角检测尺检查
4	分格条（缝）直线度	3	用 5m 线，不足 5m 拉通线，用钢直尺检查
5	墙裙、踢脚上口直线度	3	用 5m 线，不足 5m 拉通线，用钢直尺检查

（2）普通抹灰表面应光滑、洁净、接搓平整，分格缝应清晰。

（3）表面应光洁、颜色均匀、无抹纹，分格缝和灰线应清晰美观。

（4）护角、孔洞、槽、盒周围的抹灰表面应整齐、光滑；管道后面的抹灰表面应平整。

（5）抹灰层总厚度应符合设计要求；水泥砂浆不得抹在石膏砂浆层上。

（6）抹灰分格缝的设置应符合设计要求，宽度和深度应均匀，表面应光滑，棱角应整齐。

（7）装饰抹灰工程所用材料的品种和性能应符合设计要求。配合比应符合设计要求。

（8）各抹灰层之间及抹灰层与基体之间必须粘接牢固，抹灰层应无脱层、空鼓和裂缝。

4. 质量通病预防

（1）墙面抹灰层空鼓、裂缝脱落

1）抹灰前应洒水，砖墙吸水大，应浇两遍，混凝土墙吸水小，可少浇一些。如果底灰已干透，应在喷抹前浇水湿润。

2）清除原有墙体空鼓基层，清理干净混凝土结构墙体的隔离剂，明显的凹凸部位应分层填抹找平，太光滑的表面应凿毛；界面剂涂刷均匀，不可漏刷。

3）不同基层交汇处应钉钢丝网，每边搭接宽度大于100mm。

4）门、窗框与洞口接缝派专人填塞。

5）砂浆应随拌随用，一般不超过2h。

（2）面层起泡、开花、有抹纹

1）待砂浆收水后终凝前进行压光。

2）底灰太干，应浇水湿润。

（3）墙面抹灰接槎明显、色泽不均

施工时把接槎位置留在分格条处或阴阳角、水落管等处，操作时避免发生高低不平、色泽不一等现象。可通过机械打磨根本性解决墙面色差较大问题（图4-19、图4-20）。

图4-19 色差、抹纹

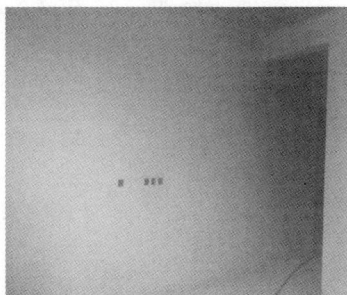

图4-20 合格墙面

五、面层施工

（一）涂　　料

建筑装饰装修常用的涂料有：乳胶漆、美术漆、氟碳漆等。本节主要介绍室内乳胶漆涂饰施工。

1. 施工准备

（1）图纸准备

1）熟悉图纸，了解施工作业面。

2）接受图纸、技术安全施工交底。

（2）材料准备

1）乳胶漆、底漆、成品腻子粉、建筑胶水等。

2）砂纸、纸胶带。

（3）机具、耗材准备

擦布、纱头、灰刀、刮板、抹子、腻子托板、砂纸、砂架、大小料桶、水桶、滚筒、刷子、排笔、毛笔、气泵、喷枪、搅拌器、铝合金靠尺、人字梯、马凳、活动脚手架等（图5-1～图5-3）。

（4）现场条件

1）墙、顶面腻子基层已经完成并经过质量验收。

2）已完成施工安全及技术交底工作。

3）各相关专业工种之间已完成交接检验，质量符合标准要求。

4）腻子基层含水率小于10％。

5）涂料涂饰工程施工的环境温度应在5～35℃之间。

6）涂饰工程施工时应对与涂层衔接的其他装修材料、邻近的设备等采取有效的保护措施，以避免由涂料造成的沾污。

 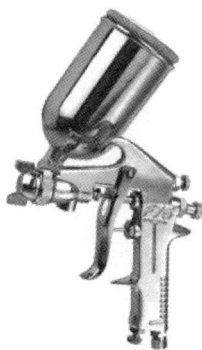

图 5-1　墙面喷枪　　　图 5-2　顶面喷枪

◀1cm毛笔刷

◀5寸油漆刷

▲1寸小毛刷

图 5-3　滚筒、排笔

7）门窗玻璃安装完毕，涂饰施工空间可以密闭。

8）做好样板间，并经检查验收合格后，方可组织大面积喷

（刷）。

2. 工艺流程

底层涂料—中层涂料两遍—乳胶漆面层喷涂—清扫。

（1）底层涂料

墙顶面清扫干净，无浮灰粉尘。底漆使用前应加水搅拌均匀，用排笔将收边处乳胶漆刷好，使用新排笔时，应将排笔上不牢固的毛清理掉。其余部分再用滚筒滚涂或喷枪喷浆；用滚筒或喷枪操作时要按规范操作，确保涂层厚度均匀。喷（滚）涂涂刷顺序是先顶面后墙面，墙面是先上后下（图5-4）。

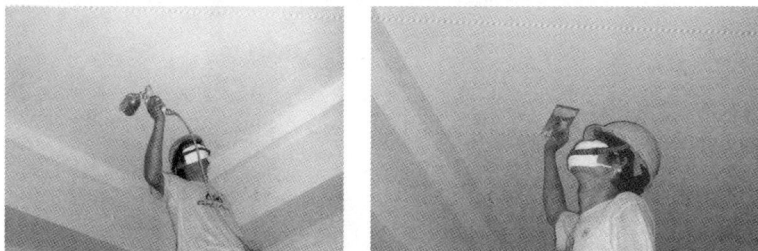

图5-4 喷涂、磨光

（2）中层涂料施工

待第一遍乳胶漆干后，仔细检查所有完成面，对局部的粉尘、凸点、刷痕、不平整等问题进行补腻子、打磨处理。然后根据要求涂刷后续乳胶漆，操作方法和第一遍乳胶漆相同，并严格控制时间间隔。灯具及末端设备应在最后一次乳胶漆施工前安装完成，并对相关设备做好成品保护。用喷枪喷涂时，应按乳胶漆品牌产品使用说明与水配比，喷涂施工时应注意控制涂料的黏度、喷枪的气压、喷口的大小、喷射距离以及喷射角度等，力求喷足喷平不流挂，不漏喷等。

用滚筒涂刷时，应先横向涂刷，然后再纵向滚压，将涂料赶开，涂平。滚涂顺序一般为从上到下，从左到右，先远后近，先边角棱角、小面后大面。要求厚薄均匀，防止涂料过多流坠。滚子涂不到有阴角处，需用毛刷补充，不得漏涂。要随时剔除粘在墙上的滚子毛。一面墙要一气呵成，避免接槎刷迹重叠现象，沾污到其他部位的涂料要及时用清水擦净。第二遍涂料施工后，一般需干燥4h以上待前一遍漆膜干燥后，才能进行下道磨光工序。如遇天气潮湿，应适当延长间隔干燥时间。打磨时用力要轻而匀，不得磨穿涂层，并将表面清扫干净。

（3）面层涂刷施工

一般为两遍喷涂（薄涂），第一遍充分干燥后进行第二遍。喷涂前应预先在局部墙面上进行试喷，以确定基层与涂料的相容情况，并同时确定合适的涂布量。喷涂时，喷枪嘴应始终保持与装饰表垂直（尤其在阴角处），距离约为0.3～0.5m（根据装修面大小调整），喷枪呈Z字形向前推进，横纵交叉进行。喷枪移动要平衡，涂布量要一致，不得时停时移，跳跃前进，以免发生堆料、流挂或漏喷现象。

（4）清扫

清除遮挡、保护物，清扫飞溅物料。

3. 质量标准

乳胶漆质量标准如表5-1所示。

乳胶漆质量标准表 表5-1

项次	项　目	检验标准	检验方法
1	颜色	均匀一致	观察
2	泛碱、咬色	不允许	观察
3	流坠、疙瘩	不允许	观察
4	砂眼、刷纹	无砂眼，无刷纹	观察
5	装饰线、分色线直线度允许偏差	1mm	拉5m线，不足5m拉通线，用钢直尺检查

4. 质量通病预防

（1）乳胶漆稀释加水过多或漏刷，导致漆膜过薄，出现透底现象。

（2）涂刷顺序不当，涂刷时间间隔较长导致接槎明显。

（3）乳胶漆稠度较大，排笔蘸涂料量多造成刷纹明显。

（4）施工前没有认真弹线做好标记，控制的尺板没有正确使用，造成分色线不齐。

（5）没有使用同一批乳胶漆，造成色差明显。

（6）由于批腻子、打磨操作不当，顶面出现凹凸不平，阴阳角不顺直现象。

（7）补钉眼及填缝处理时，注意填补密实到位，以防钉眼生锈及接缝开裂。

（8）抹灰层质量存在问题，导致面层不牢，粘结层出现脱落。

（9）表面有凸起或颗粒、不光洁等现象。

5. 成品保护

（1）乳胶漆施工前，对木饰面、石材、不锈钢、玻璃、镜子、墙纸等成品面层应进行防污损保护。

（2）乳胶漆完成后，设专人负责开关门窗，保证室内空气适度流通，以防涂膜快速失水干燥后表面起壳、开裂，或表面光泽不足。

（3）乳胶漆未干透前，禁止打扫室内地面，严防尘土等污染。

（4）乳胶漆涂刷完的墙面应妥善保护，不得磕碰墙面，不得在墙上乱写乱画而造成污染。

（5）乳胶漆涂刷完后，漆膜还没有达到一定的硬度，不可擦洗或接触墙面，部分区域可封闭保护。

（二）粘贴壁纸（布）

粘贴壁纸指将壁纸用胶粘剂裱糊在建筑结构基层的表面上。本节以墙面腻子基层粘贴壁纸工艺为例，介绍壁纸粘贴施工。

1. 施工准备

（1）图纸准备

1）熟悉图纸，了解施工作业面。

2）接受图纸、墙面机电综合点位深化排版图、技术安全施工交底。

3）了解、掌握粘贴与木饰面、石材等其他材料已确认的收口施工工艺等。

（2）材料准备

1）壁纸、辅材等。

2）胶粘剂：墙纸胶粉（胶浆）、建筑胶水、墙纸基膜等。

3）耗材：砂纸、壁纸刀、干净毛巾、海绵、美纹纸、专用保护膜、软木等。

（3）机具准备

接缝滚轴压轮、壁纸刀、刮板、毛刷、滚筒、钢板尺、水平仪、排笔、注射用针管和针头等（图5-5）。

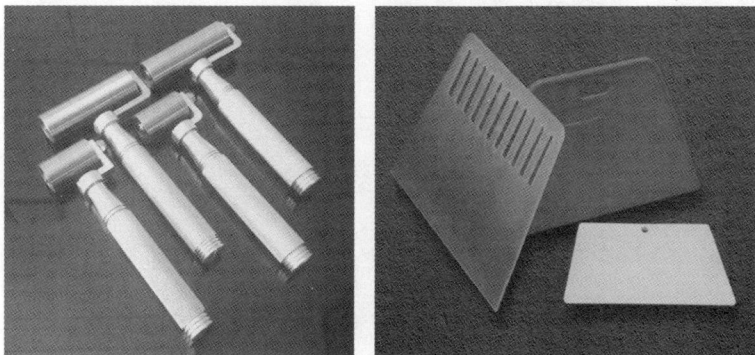

图5-5 接缝滚轴压轮、刮板

（4）现场条件

1）腻子基层已经完成并经过质量验收。

2）已完成施工安全及技术交底工作。

3）各相关专业工种之间已完成交接检验，质量符合标准要求。

4）腻子基层含水率小于8%。

5）施工的环境温度应在5～35℃之间。

6）壁纸施工时应对与涂层衔接的其他装修材料、邻近的设备等采取有效的保护措施，以避免由涂料造成的沾污；

7）门窗玻璃安装完毕，涂饰施工空间可以密闭。

8）做好样板，并经检查验收合格后，方可组织大面积粘贴。

2. 工艺流程

基层处理—刷封闭底胶—测量放线—裁纸—拌胶、刷胶—裱贴。

（1）基层处理

用干净的毛巾擦去腻子表面的灰尘（图5-6）。

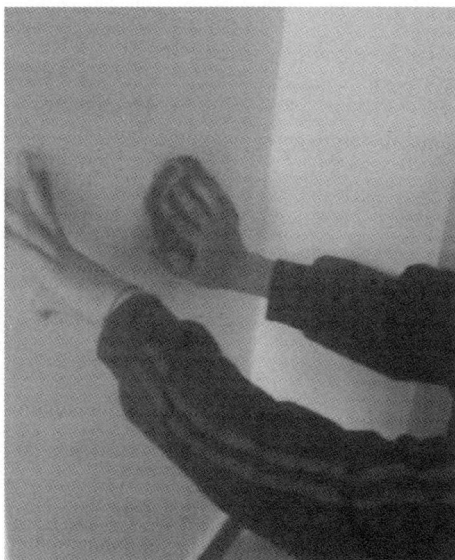

图5-6　基层处理

（2）刷封闭底胶

将封闭底胶（基膜）按适当比例加入清水稀释，并充分搅拌。涂刷时，室内应无灰尘。底胶要涂刷均匀，一次成活，不能漏刷、漏喷。干燥时间 2～3h，施工完全干燥后才能进行壁纸施工（图 5-7）。

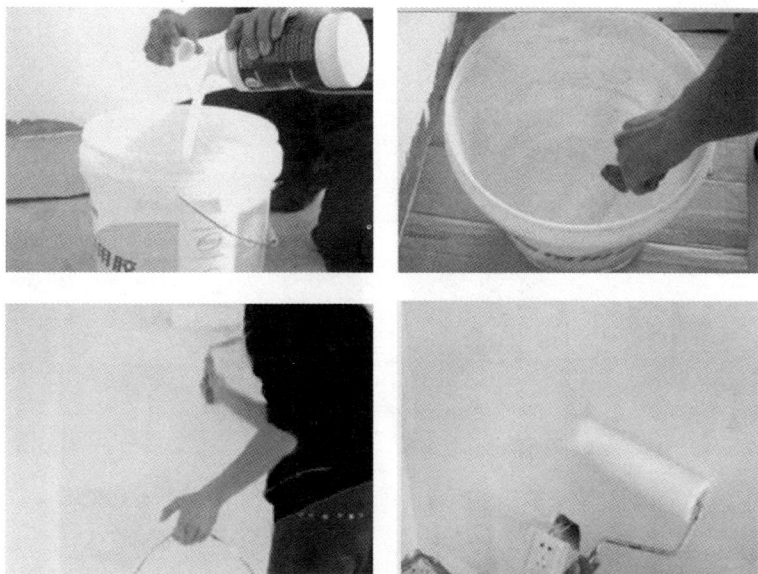

图 5-7　搅拌、涂刷基膜

（3）测量放线

首先将房间四角的阴阳角进行吊垂直、套方、找规矩，按设计要求决定壁纸的粘贴方向，并按照壁纸的尺寸进行分块弹线控制。根据基层实际尺寸测量计算所需用量，每边增加 20～30mm 作为裁纸量（图 5-8）。

（4）裁纸

按基层实际尺寸测量计算所需用量，如采用搭接施工应在每边增加 2～3cm 作为裁纸量。在裁纸台案上进行裁纸。台案要清洁、平整。用壁纸刀、剪刀将壁纸按设计要求进行裁切。对有图案的材料，应从粘贴的第一张开始对花，墙面从上至下粘贴。边裁边编序号，以便按顺序粘贴（图 5-9）。

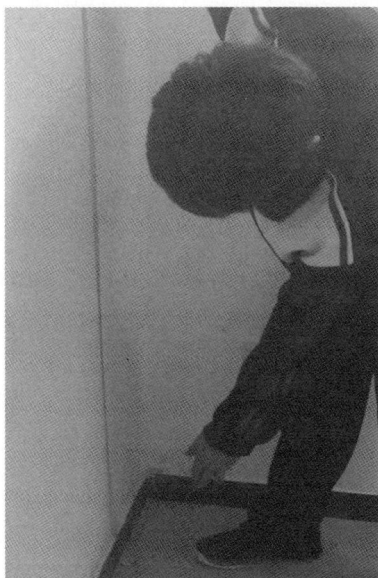

图 5-8　测量裱糊壁纸的房间高度　　　　图 5-9　测量、裁切壁纸

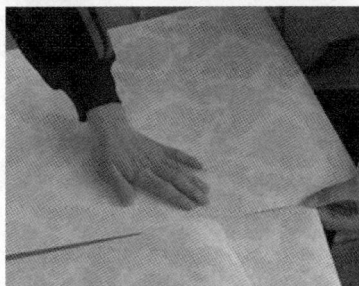

（5）拌胶、刷胶

1）拌胶。将胶粉（胶液）开封后，加入适量清水中进行搅拌。边加粉边搅拌，以免结团。待胶粉（胶液）充分溶于水后，停止搅拌，并等候 10～15min，胶粉（胶液）完全糊化后方能使用（图 5-10）。

图 5-10　拌制胶浆

2）刷胶。纸面、胶面、布面等壁纸，在进行施工前将 2～3 块壁纸进行刷胶，使壁纸湿润、软化，刷完胶的壁纸要胶面相对反复对叠，避免胶干太快。基层、壁纸背面要同时刷胶，基层刷胶要比壁纸略宽 30mm 左右（图 5-11）。

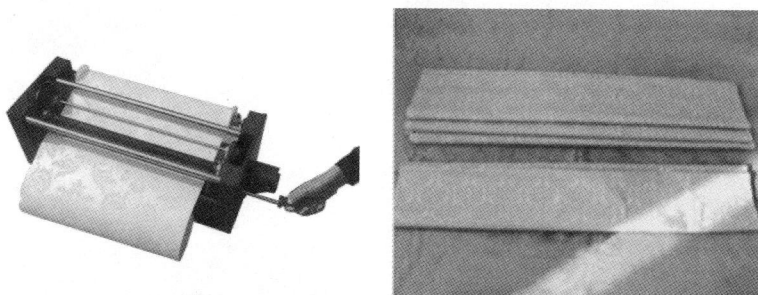

图 5-11　刷胶、对叠

（6）裱贴

1）裱贴壁纸时，先要垂直，后对花纹拼缝，再用刮板用力抹压平整，壁纸应按壁纸背面箭头方向进行裱贴。先垂直面后水平面，先细部后大面。贴垂直面时先上后下，贴水平面时先高后低。

2）粘贴第一张壁纸时，在墙角处找基准线，用刮板从上至下、由中间向两侧轻轻压平、刮抹，让壁纸与墙体贴实。第一张壁纸粘贴时两边各甩出 10～20mm 虚贴，第二张壁纸与第一张壁纸搭接 10～20mm，用钢板尺在裁切处比齐，用壁纸刀自上而下裁切壁纸。注意裁切时的力度不能划伤基层腻子及封闭底胶。将多余壁纸撕除，用橡胶刮板将缝隙刮严、压平、压实。用湿毛巾将接缝处的胶痕及时清理干净（图 5-12）。

3）裁掉各部位多余壁纸。裱糊过程中遇到电源开关等处，应先将此处壁纸切成十字交叉开口，再用刮板压住开关四周，裁掉多余壁纸，最后擀平壁纸（图 5-13）。

4）壁纸饰面层经过检查、修整后，确认无质量缺陷时，可

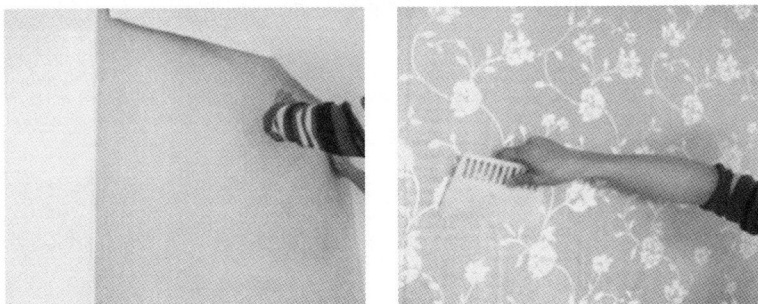

图 5-12　壁纸裱糊

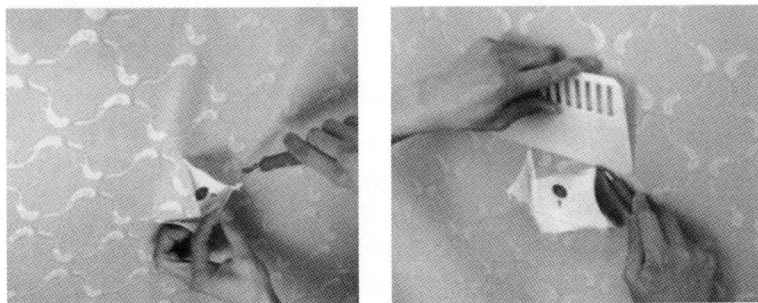

图 5-13　电源开关处的做法

用裁刀将各部位壁纸余量割去，擦净各接缝处挤出的胶痕（图
5-14）。

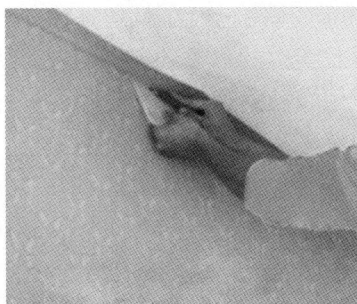

图 5-14　裁掉各部位多余壁纸

3. 质量标准

见表 5-2。

粘贴壁纸（布）质量标准表　　　　　　　　　　表 5-2

墙纸缺陷	优等品	一等品	合格品
色差	不允许	不允许有明显色差	允许有差异但不影响使用
伤痕和皱折	不允许	不允许	允许基纸有皱折但表面不允许有死折
气泡	不允许	不允许	允许有外观气泡
套印精度偏差	偏差≤0.7mm	偏差≤1mm	偏差≤2mm
漏底	不允许	不允许	允许有2mm漏底，但不允许密集
漏印	不允许	不允许	不允许有影响外观的漏印
污染点	不允许	不允许有目视污点	允许有目视污点，但不允许密集

4. 质量通病预防

壁纸施工应严格按照设计图纸、深化图纸及编制好的施工方案进行施工。质量通病预防见表 5-3。

常见通病表　　　　　　　　　　表 5-3

序号	质量通病	通病图片	预防措施
1	饰面层出现色差		（1）壁纸（墙布）裱糊前严格检查，将褪色的壁纸（墙布）裁掉。确认壁纸（墙布）的色相一致，并避免在有阳光直接照射或有害气体的环境中施工； （2）基层必须干燥且颜色一致，含水率不准超过8%
2	壁纸局部出现死折和气泡		（1）裱糊时先展平壁纸（墙布），后赶压、刮平； （2）刷胶时不要漏刷，胶液涂刷要均匀，壁纸（墙布）粘贴后用刮板将多余胶液和气泡赶出

序号	质量通病	通病图片	预防措施
3	局部翘边	翘边	（1）裱糊前认真清理基层、修补基层缺陷，粘贴时基层含水率应符合规定； （2）对进场的胶粘剂质量有怀疑时，应先做局部试验，确认其粘结力合格再用； （3）不允许在阴角处出现对缝，壁纸（墙布）阳角处裹角不应小于 20mm，包角处选用粘性较强的胶粘剂，并应做到粘贴牢固，不出现空鼓、气泡； （4）刷胶要均匀，并避免刷胶放置时间过长
4	透底、咬色		（1）基层颜色较深，壁纸（墙布）厚度薄，遮盖不住基底时，用厚白漆进行覆盖； （2）基层结构预埋件等物刷防锈漆或厚白漆进行覆盖； （3）基层表面污染及时清除

5. 成品保护

（1）裱糊壁纸过程中、施工完成后，严禁非操作人员随意触摸墙纸，胶痕必须及时清理干净。

（2）裱糊完成的房间应及时清理干净，不得用作料房或休息室，避免污染和损坏。

（3）壁纸施工完成后，室内要及时清理并保持干净，关闭门窗，确保墙面不渗水、不返潮。

（4）其他工种后续施工时，应注意保护墙纸，防止污染和损坏。严禁在已裱糊好壁纸的顶、墙上剔眼打洞。

（5）脚手架、梯子等使用过程中注意包脚，不可损坏已完成的地面材料。

（三）硬　　包

硬包施工工艺一般分为：工厂定制、现场安装；现场加工、安装。具体采用哪种工艺根据设计图纸及工程计划合理选择施工工艺。本节主要介绍现场加工、安装工艺。

1. 施工准备

（1）图纸准备

1）熟悉图纸，了解施工作业面。

2）接受图纸、墙面机电综合点位深化排版图、技术安全施工交底。

3）了解、掌握硬包与木饰面、石材等其他材料已确认的收口施工工艺等。

（2）材料准备

1）面层材料：织物、皮、革、壁纸及密度板等内衬材料。

2）基层材料：轻钢龙骨、阻燃胶合板（或纸面石膏板）、自攻钉、枪钉等耗材。

胶粘剂：墙纸胶粉（胶浆）、建筑胶水等。

3）耗材：自攻钉、枪钉、砂纸、壁纸刀、干净毛巾、海绵、美纹纸、专用保护膜、软木等。

（3）机具准备

电钻、空压机、气钉枪、滚轴压轮、壁纸刀、刮板、毛刷、滚筒、钢板尺、激光投线（水平）仪、排笔、注射用针管和针头、锤子等（图5-15）。

（4）现场条件

1）墙面基层及材料的防水、防潮、防腐、防火已经完成并经过质量验收。

图 5-15　气钉枪、激光投线（水平）仪

2）已完成施工安全及技术交底工作。

3）各相关专业工种之间已完成交接检验，质量符合标准要求。

4）墙面基层含水率小于8％，木基层含水率不大于12％。

5）施工的环境温度应在5～35℃之间。

6）施工时应对与硬包衔接的其他装修材料、邻近的设备等采取有效的保护措施，以避免造成的沾污或损坏。

7）门窗玻璃安装完毕，施工空间可以密闭。

8）做好样板，并经检查验收合格后，方可组织大面积粘贴。

2. 工艺流程

基层处理—龙骨、基层板制作安装—排版、弹线—硬包衬板制作—面板施工—理边、修整—成品保护。

（1）基层处理

墙面为抹灰基层或临近房间较潮湿时，需对墙面进行防潮处理（图 5-16）；

（2）龙骨、基层板制作安装

1）在需做硬包的墙面上，按设计要求的纵横龙骨间距进行弹线，设计无要求时，间距一般控制在 400～500mm 之间，龙骨宜用轻钢龙骨（图 5-16）。

2）在龙骨上铺钉底板，底板在无设计要求时宜采用环保阻燃板材或纸面石膏板，自攻钉必须固定到墙体的轻钢龙骨上(图 5-17)。

图 5-16　墙面做防潮处理后安装轻钢龙骨

图 5-17　硬包基层封环保阻燃板材或纸面石膏板

（3）排版、弹线

对墙面硬包进行排版。尽量按照面料的幅度排版，把深化的图纸尺寸与分格造型按 1∶1 比例反映到需要安装软硬包的墙面、柱面的底板或门扇上（图 5-18）。

（4）硬包衬板制作

1）硬包衬板按设计要求选材，设计无要求时一般采用 9mm 的环保型阻燃板或者聚乙烯板做基层板。成品聚乙烯板做基层板工艺简单，环保而且节省人工。也可采用多层板（刷防火涂料三度）、中纤板（封油）、玻镁板等。织物硬包衬板建议采用中纤板

图 5-18　根据排版分割线进行预排版

（封油），特别是硬包棱角可以做到非常挺直。

2）织物硬包上如有插座或设备末端，需按固定基座尺寸在背板上预留玻镁板基层，保证安装时不会出现下凹现象。

3）面料有花纹、图案，应先包好一块做为基准，再按编号将与之相邻的衬板面料对准花纹后进行裁剪。面料裁剪根据衬板尺寸确定，面料剪裁好后，先进行拉伸熨烫，再扣到已贴好内衬材料的衬板上，从衬板的反面用 U 形气钉和胶粘剂进行固定。扣面料时要先固定上下两边（即织物面料的经线方向），四角叠整规矩后，再固定另外两边。扣好的衬板面料应绷紧、无折皱，纹理拉平拉直，各块衬板的面料绷紧度要一致（图 5-19）。

（5）面板施工

1）将包好面料的衬板块逐块检查，标明编号和安装方向，

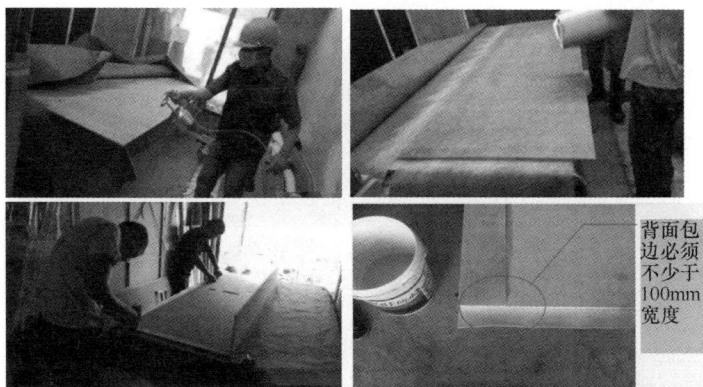

背面包边必须不少于100mm宽度

图 5-19　硬包衬板喷胶、粘贴制作

确认合格后，按衬板的编号，经试安装确认无误后，用钉粘结合的方法（即衬板背面刷胶，再用蚊钉从布纹缝隙钉入，必须注意气钉不可打断织物纤维），固定到底板上。

2）安装时应横平竖直，花纹图案吻合，工艺线跟通挺直；安装应牢固无松动。与相关材料收口时，四周疏缝均匀一致；面层机电末端定位依据定位图纸进行开孔，开孔尺寸应与设备底盒尺寸一致（图 5-20）。

（6）理边、修整

1）清理接缝、边沿露出的面料纤维，调整接缝不顺直处，开设、修整各设备安装孔，安装镶边条等。

2）擦拭、清扫浮灰、成品保护（图 5-21）。

3. 质量标准

（1）验收质量必须满足合同约定的质量验收标准。

（2）面料、内衬材料及边框的材质、颜色、图案、燃烧性能等级和板材的含水率应符合设计要求及国家现行标准的有关规定（表 5-4）。

（3）安装位置及构造做法应符合设计要求。

（4）龙骨、衬板、边框应安装牢固，无翘曲，拼缝应平直。

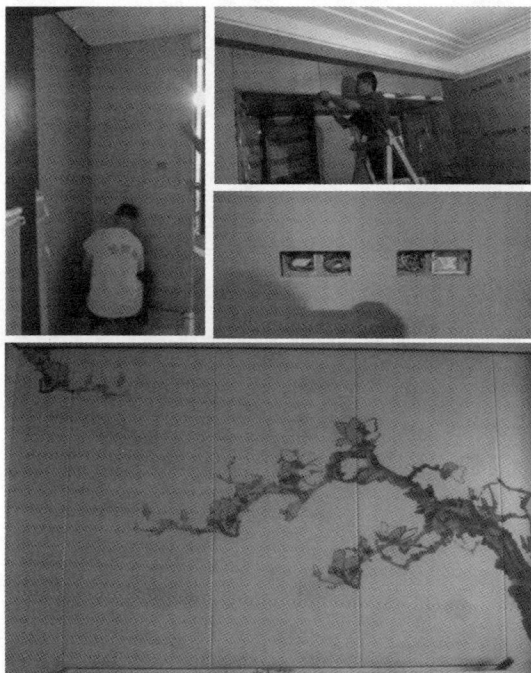

图 5-20　面板安装、完成效果

图 5-21　整缝、清面

（5）单块硬包面料不应有接缝，四周应绷压严密。

（6）表面应平整、洁净，无凹凸不平及皱折。

（7）图案应清晰、无色差，整体应协调美观。

（8）硬包边框应平整、顺直、接缝吻合。

硬包安装的允许偏差和检验方法　　　表 5-4

项次	项目	允许偏差（mm）	检验方法
1	垂直度	2	用垂直 2m 检测尺检测
2	边框宽度、高度	2	用钢尺检查
3	对角线长度差	2	用钢尺检查
4	裁口、线条接缝高低差	1	用直尺和塞尺检查

4. 质量通病预防

（1）接缝不平直

相邻两面料的接缝不平直、不水平或虽接缝垂直但花纹不吻合或不垂直不水平等，是因为在铺贴第一块面料时，没有认真进行吊垂直和对花、拼花，因此在开始铺贴第一块面料时必须认真检查，发现问题及时纠正，在预制镶嵌软、硬包施工时，各块预制衬板的制作、安装更应注意对花和拼花，且需编号标注安装方向。

（2）花纹图案不对称

面料下料宽窄不一或纹路方向不对，造成花纹图案不对称。应通过做实物样板，尽量多采用试拼的方式，找出花纹图案不对称问题的原因，并进行解决。

（3）离缝

相邻面料间的接缝不严密、露底称为离缝，离缝主要原因是面料铺贴产生歪斜，出现离缝。

（4）面层色差

主要是因为使用的不是同一匹面料，同一场所面料铺贴的纹路方向不一致。施工时应认真进行挑选和核对。

（5）四周疏缝不均

主要原因是制作、安装镶嵌衬板过程中，施工人员不仔细，衬板的木条倒角不一致，衬板裁割时边缘不直、不方正等，应强化操作人员责任心，加强检查和验收工作。

（6）压条贴脸及镶边条宽窄不一

主要原因是选料不精，板材等含水率过大或变形，制作不细，切割不准确，安装时钉子过稀等。在施工时，应坚决杜绝不是主料就不重视的错误观念，必须重视压条、贴脸及镶边条的材质及制作、安装过程。

5. 成品保护

硬包安装完成，经过细节修正后，擦拭清扫饰面浮灰，用保护膜覆盖保护。安排专人巡视检查，避免人为对成品的损坏。

（1）硬包工程施工完毕的房间应及时清理干净，不准作为材料库或休息室，以避免污染和损坏，并设专人进行管理（加锁、定期通风换气、除湿）。

（2）若硬包工程施工安排插入较早，施工完毕后还有其他工序施工，则必须设置成品保护膜，保护膜应为整体包覆（图5-22）。

（3）施工过程中，各工序必须严格按照规程施工，操作要干净利落，边缝要切割整齐到位，胶痕及时擦拭干净，并做到活完料清，下脚料当天及时清理，严禁非操作人员随意触摸成品。

（4）严禁在硬包工程施工完毕的墙面上剔槽打洞。若有设计变更，必须采取可靠、有效的保护措施，施工完后要及时认真进行修复，以保证成品完整。

（5）在进行电气设备、软装等安装或修理过程中，应注意保护，严防污染和损坏成品。

（6）修补压条、镶边条等油漆或浆活时，必须对硬包面进行保护，防止污染、碰撞与损坏。

图 5-22　保护膜整体包覆

（四）玻璃裁划安装

本节主要介绍镜子玻璃安装。

1. 施工准备

（1）图纸准备

1）熟悉图纸，了解施工作业面。

2）接受图纸、墙面机电综合点位深化排版图、技术安全施工交底。

3）了解、掌握镜面玻璃固定方式、安装时间以及与其他饰面材料的收口施工工艺等。

（2）材料准备

1）主要材料：镜子玻璃。

2）基层材料：轻钢龙骨、配件及基层板材。

3）连接材料：粘结剂、五金连接件、膨胀螺栓、橡胶垫、美固钉、木螺栓、贴嵌缝料等。

（3）机具准备

玻璃吸盘、钢尺、红外线水平测量仪、托尺板、玻璃胶筒、螺丝刀、手提电钻、电锤、拉铆枪、水平尺及常用手工具等。

2. 工艺流程

技术交底—放线定位—深化加工—基层制作—镜子玻璃安装—细节修正—成品保护。

（1）技术交底：依据确认的玻璃镜子深化排版图纸，编制技术交底文件，对玻璃加工厂家及安装工人进行技术交底。

（2）放线定位：根据图纸在现场相应部位放出镜子的完成线，通过激光投线仪，用墨线把镜子玻璃规格、排版、完成面在墙面弹出来（图5-23）。

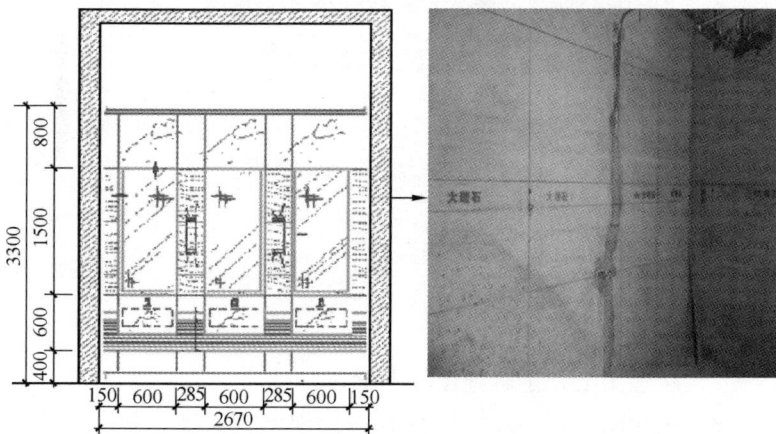

图 5-23　根据图纸在现场相应部位放出镜子的完成线

（3）深化加工：根据设计图纸结合放线的实际数据，对镜子玻璃墙面结构、排版进行深化；深化图纸复核经过确认后，安排厂家、班组复核加工（图5-24）。

（4）基层制作：根据深化图纸安装纵横龙骨，基层结构通常采用轻钢龙骨（图5-25）；在龙骨上安装多层板或细木工板作为镜子底板；基层底板应平整、清洁，无翘曲。木基层底板应进行防火、防腐、防虫处理。

原结构

龙骨

阻燃板基层

装饰镜

图 5-24　玻璃镜子墙面构造图

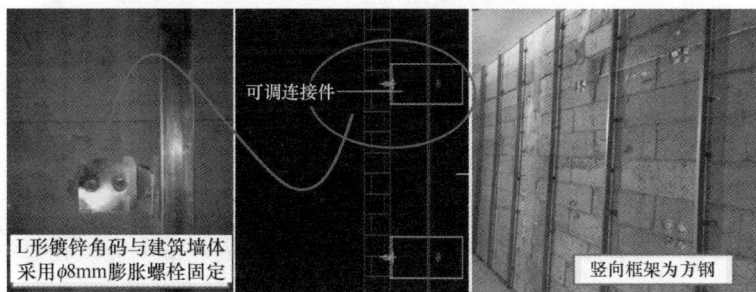

可调连接件

L形镀锌角码与建筑墙体采用φ8mm膨胀螺栓固定

竖向框架为方钢

图 5-25　玻璃镜子龙骨制作安装构造

（5）镜子玻璃安装：玻璃镜子常用固定方法有螺钉固定、嵌钉固定、粘结固定、托压固定和粘结支托固定五种（图 5-26）。

图 5-26　玻璃镜子常用安装方法

安装 1m² 以上单片玻璃时，严禁使用粘贴法进行安装。玻璃镜子入槽部分需进行隐蔽处理，避免玻璃镜子反光出现漏光。镜子玻璃安装应使用中性胶，避免对玻璃的腐蚀。镜面尺寸较大宜采用粘贴和钉固相结合的方法，避免镜子破损砸落伤人（图5-27）。

图 5-27　镜面尺寸较大采用粘贴和钉固结合固定

（6）细节修正：镜子玻璃安装完成后，应对镜子玻璃收口打胶处理，胶线应均匀、顺直、无气泡等，胶线应不超过 2mm（图 5-28）。

图 5-28　细节修整后镜面玻璃

（7）成品保护：镜子玻璃安装完成，经过细节处理后，对玻璃表面进行清洁，并覆盖保护膜，在保护膜上张贴明显的警示标志，防止碰撞损坏（图5-29）。

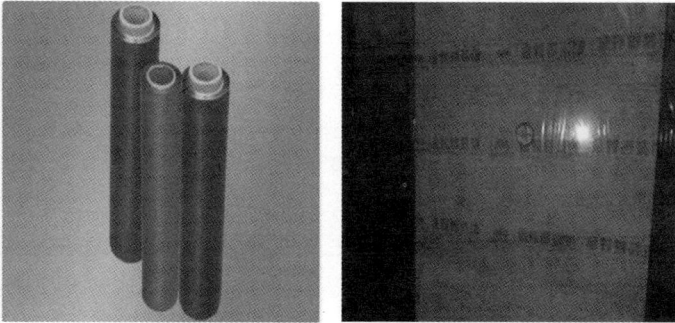

图 5-29 贴膜保护

3. 质量标准

（1）验收质量必须满足合同约定的质量验收标准。

（2）镜子玻璃的品种、规格、颜色和性能应符合设计要求及国家现行标准的有关规定（表5-5）。

（3）镜子玻璃安装工程的预埋件（或后置埋件）连接件及连接方法和防腐处理必须符合设计要求。

（4）后置埋件的拉拔强度必须符合设计要求，镜子玻璃安装必须牢固。

（5）玻璃应符合《平板玻璃》GB 11614—2009 和《建筑玻璃应用技术规程》JGJ 113—2015 标准。

（6）镜子玻璃表面应平整、洁净、色泽一致，无裂纹和缺损。

（7）镜子玻璃缝隙应密实、平直，宽度和深度应符合设计要求，打胶材料色泽应一致。

（8）镜子玻璃上的孔洞应套割吻合，边缘应整齐顺直。

镜子玻璃墙面允许偏差及检验方法表　　表 5-5

项次	项目	允许偏差（mm） 镜面玻璃	检验方法
1	立面垂直	2	用 2m 托线板检查
2	表面平整	1	用 2m 靠尺和楔形塞尺检查
3	阴角方正	2	用 20m 方尺和楔形塞尺检查
4	接缝平直	2	拉 5m 小线，不足 5m 拉通线和尺量
5	墙裙上口平直	2	检查
6	接缝高低偏差	0.3	用钢板短尺和楔形塞尺检查
7	接缝宽度偏差	0.5	拉 5m 小线和楔形塞尺检查

4. 质量通病预防

（1）镜子玻璃运输时，玻璃与玻璃之间应夹好 0.5～1mm 软木垫片，防止挤压晃动而造成破损。

（2）安装在同一墙面的镜子玻璃应选用同一种品牌、同一批次，以防止颜色有差异。

（3）室内外温差较大时，应待玻璃材料温度达到室内环境温度后再进行安装。避免安装后产生结露，影响安装质量。

（4）安装玻璃四周需与边框留有间隙，该间隙用以适应玻璃热胀冷缩的变化，大致以 5mm 为宜；并在玻璃下口使用橡胶垫作柔性连接。

（5）基层的板材应采用不易变形的多层板或细木工板。

（6）菱形车边玻璃拼花的镜子玻璃，尽量采用整块 8mm 厚镜子玻璃抽槽的工艺；也可以考虑采用玻璃作基层，在玻璃上粘贴块状镜子并留缝处理。

5. 成品保护

（1）必须放置封闭场所或仓库。玻璃镜子的放置必须保证本身材料的安全，还必须保证玻璃镜子不会造成对人体伤害。

（2）成品和半成品采取"护、包、盖、封"的保护措施；由专人负责成品和半成品进行保护，经常巡视检查，如有保护措施损坏，应及时恢复。对人流和物流较大区域，应设置围挡，防止碰撞损坏。

（3）在玻璃镜子保护膜表面需要贴上"玻璃镜子，小心勿碰"等警示字样。

六、验　　收

（一）自　　检

自检由各班组长组织，由班组操作工人对本人施工完成的工序进行有针对性的检查，特别是以前各次检查中发现的质量通病，操作者自己检查，自己发现问题，自己改正，尽可能地将质量问题解决在其发生的初始状态。各分部、分项、检验批工程，尤其是隐蔽工程每个工序施工完成，班组必须自检，自检要做好文字记录。自检合格后，由项目部施工质量管理人员验收。在内部自行验收合格的基础上，方可通知监理进行验收。

（二）互　　检

本工种工作完成后，在不同工种间还应进行互检，互检由各班组长组织，在班组操作工人之间进行，甲班组完成的工作内容由乙班组检查，班组间互相检查、互相督促，互相学习、共同提高。检查对方施工工序与本工种工序衔接的正确性，与设计图纸、国家规范的符合性，若有不符，应及时向对方班组质检员或项目质量员提出。

（三）交　接　检

交接检由施工员或质量员组织，上下道工序施工班组长和工种负责人等参加，检查内容包括原材料质量情况、工序操作质量情况、工序质量防护情况等。不同工序施工交接检查，上一班人员必须对接班人员进行质量、技术、数据交接（交底），并做好交接记录。交接检符合要求，需隐蔽的必须办理隐蔽工程记录，由参加各方签名确认以后，方得转入下一工序施工。隐蔽工程验收记录是竣工资料的重要组成部分，应由项目资料员收集整理归档保存。

七、常用机具使用和维护

（一）涂 饰 机 械

1. 操作安全

（1）手提式搅拌机

用于在容器内搅拌涂料。使用时，双手握住手柄，将叶轮插入涂料容器内，打开电源开关，叶轮转动，带动涂料旋转，将涂料搅拌均匀，叶轮不得与容器碰撞（图 7-1）。

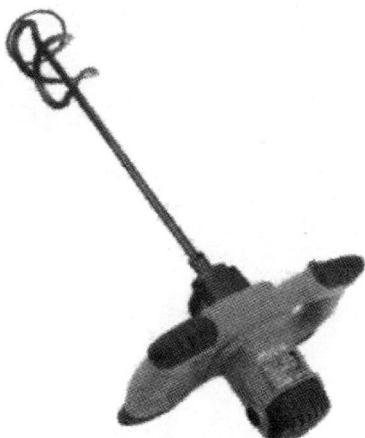

图 7-1　手提式搅拌机

（2）电动喷浆机

电动喷浆机是通过动力、压力将涂料喷涂到物体上。使用时，将涂料搅拌均匀，把吸浆管插入储浆桶，手拿喷浆头对准墙壁，打开电源；由上而下，从左往右，均匀喷涂。电动喷浆机适用于大面积墙壁、顶棚的喷涂。喷涂完毕后，将吸浆管插入清水桶里开机冲洗，把喷浆机、管子内的剩余涂料冲掉（图7-2）。

（3）手提斗式喷枪

使用时，用软管接通压缩空气，把涂料装入涂料斗，手握喷枪手柄，打开开关，对准喷涂墙面，由上而下，从左向右均匀喷涂，喷涂完毕后，装入清水开机冲洗干净（图7-3）。

图7-2 电动喷浆机　　　　　图7-3 手提斗式喷枪

（4）喷漆枪

喷漆枪主要用于油漆涂料的喷漆。使用时，把稀释后的油漆倒入涂料罐，接通压缩空气，压力为0.3～0.5MPa，手握喷枪，扳动开关，即可喷涂。喷漆时，手臂需不断左右或上下摆动，使喷出的漆雾均匀喷到物体表面。喷漆完成后，必须用清洗剂把残余在喷枪内的油漆清洗干净（图7-4）。

（5）空气压缩机

空气压缩机是用电力、汽油或柴油引擎带动的机器，它把空气从大气中吸入，并用减体积增压力的方法输送压缩空气。必须按要求的气压和气量连续不断送至贮气罐备用。空气压缩机有固定型和轻便型，规格种类较多，暂不详细介绍。

图 7-4　喷漆枪　　　　　图 7-5　空气压缩机

2. 维护、保养

（1）对喷浆机配件的保养

喷浆机在使用一定时间之后，喷浆机配件钢衬板、橡胶板、料腔、弯头等零部件会产生磨损，这时候就需要保养喷浆机的受损零部件。

喷浆机压紧机构松动时，不仅会造成喷浆机的损坏和寿命减少，更会对喷浆机的安全性造成隐患，因此对喷浆机做保养时要及时检查压紧机构是否松动，尤其是拉杆处、橡胶弹簧处及各部件的连接处都要定时保养。

（2）对减速机的保养

减速机是喷浆机的一个重要零部件，它包括齿轮油箱、齿轮、润滑管道等，这些元件在使用一定时间之后可能会出现漏油、齿轮磨损、润滑管道等现象，这时喷浆机就会出现极大的噪声。

（3）及时添加润滑油

对喷浆机来说，要时刻观察润滑油是否缺油，没有润滑油机器的齿轮磨损极快，而强行运转就会损坏机器。

（二）裱　糊　机　械

1. 操作安全

（1）裁剪工具

1）剪刀。裁剪壁纸时，先用直尺划出印痕或用剪刀背沿踢脚板、顶棚的边缘划出印痕，再将壁纸折叠，沿印痕剪断。此剪刀适用于重型纤维塑料壁纸。

2）活动裁纸刀。活动裁纸刀刀片可伸缩，并有多节刀片前部用钝后可截去，携带方便安全。刀具有大、中小几种，用来裁切厚度不同的墙纸（图7-6）。

图 7-6　裁纸刀

3）轮刀。轮刀分为齿形和刃形两种。齿形轮刀能在壁纸上将要裁除的部位压出一条紧紧连接的小孔，可方便地沿着小孔条方向撕去多余部分。轮刀不易将壁纸扯破，适用于脆弱壁纸的裁切（图7-7）。

（2）刮涂工具

1）塑料刮板。塑料刮板

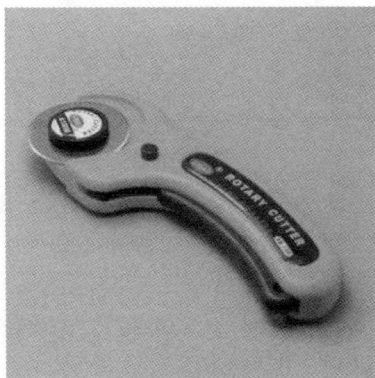

图 7-7　轮刀

供裱糊壁纸时，刮平、贴敷壁纸用。

2）钢板抹子。钢板抹子弹性强，接触面大，通常用厚 1mm 的弹簧钢片制作，用于墙面批嵌腻子。

3）胶粘剂刷。胶粘剂刷用来涂刷纸背面的胶粘剂，刷宽一般为 15～20cm，刷毛有天然纤维和合成纤维两种。施工中，常用排笔来代替胶粘剂刷。

4）滚筒。滚筒主要用来滚涂胶粘剂、底胶和壁纸保护剂。滚筒的绒毛要求短而干净。

5）墙纸刷。墙纸刷主要用于将壁纸与墙面刷实粘牢。此刷有长、短两种刷毛。刷宽约 30mm，短毛刷用来固定重型塑料壁纸，长毛刷用来固定金属箔等脆弱型壁纸。使用时，应保持毛刷清洁，以免弄脏壁纸。

图 7-8 壁纸涂胶机

（3）涂胶机

墙纸上胶机施工使用方法（图 7-8）：

1）将上胶机放在平整的地面上。

2）将前期调好的胶水倒入胶槽内。

3）盖好防护罩，装上摇把，提起压纸辊，逆时针方向旋转摇把，使上胶滚筒均匀带胶。

4）观察滚筒上胶水的厚度，不同材质、重量的壁纸所需要的厚度不同，根据经验调整合适的厚度。

5）将壁纸放于两端支架，拉出壁纸，使其紧贴滚筒，放下压纸辊，压住壁纸，转动摇把，使壁纸平头与裁纸外平齐。

6）压下计米器按键，显示数字全部为 0 时，逆时针方向转动摇把，即可均匀上胶。

（4）其他裱糊工具

其他裱糊工具还有裁纸案台、钢卷尺、水平尺、线锤、铝合金直尺、水槽、橡皮压缝轧辊、木压缝轧辊、压缝海绵、大小塑料桶、注射用针管及针头、软毛巾、排笔等。

2. 维护、保养

（1）涂胶机每天使用前应进行检查，发现异物及时清理，检查设备是否正常润滑，运动构件是否运转灵活。

（2）试运行正常后，在胶槽中注入胶液，再根据单板的厚度、胶液的黏度等合理调整涂胶辊之间的间隙，以及涂胶辊与挤胶辊间的间隙。

（3）涂胶过程中应注意清理单板表面，防止尖锐的杂物划伤涂胶辊表面包覆的橡胶层；长时间使用导致的橡胶层表面沟纹磨损应及时进行修整。

（4）长时间停机和每天工作结束后，为防止胶液凝固，要对涂胶机进行彻底清理，清洗干净涂胶辊、挤胶辊和胶槽，对喷溅到机身各处的胶液也要完全清除。清理完成后注意擦干水渍，防止锈蚀。

（5）涂胶机停用期间，应使其恢复出厂状态；调整上涂胶辊和挤胶辊回到初始位置，旋转涂胶辊的调整螺母和挤胶辊的调节套，使涂胶辊调压弹簧和挤胶辊顶紧弹簧完全放松，并充分润滑各部件，进行设备保养。

（三）玻 璃 机 具

1. 操作安全

玻璃刀、尺板、钢卷尺（3m）、木折尺、克丝钳、扁铲、油灰刀、木柄小锤、方尺、棉丝或擦布、毛笔、工具袋、长安全带等。

2. 维护、保养

（1）凡已经安装完门窗玻璃的工程，必须派专人看管维护，每日应按时开关门窗，尤其在风天，更应注意，以减少玻璃的损坏。

（2）门窗玻璃安装后，应随手挂好风钩或插上插销，防止刮风损坏玻璃，并将多余的和破碎的玻璃及时送库或清理干净。

（3）对于面积较大、造价昂贵的玻璃，宜在工程交验之前安装，如需要提前安装时，应采取妥善保护措施，防止损伤玻璃造成损失。

（4）玻璃安装时，操作人员要加强对窗台及门窗口抹灰等项目的成品保护。

八、放线、检测工具

（一）水平尺与线坠找平、吊线和弹线的使用

1. 水平尺

主要用于测量、检验水平面、垂直面及其他面的水平度、垂直度或其他倾角或坡度，如门窗安装、橱柜安装等。

水平尺分为箱式、工字式、压铸、DIY 等几种（图 7-9）。每种根据工作面不同分为多种长度。精度一般为 0.5mm/m、1mm/m 等。近年来数显水平尺因其简便读数与操作，越来越受到用户的青睐。

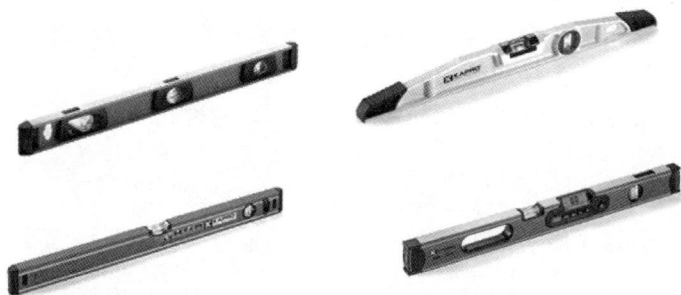

图 7-9　水平尺

使用前先校对水平的精度，将水平尺放置在一基本水平面上，观察水平气泡的位置，然后将水平尺同水平调转 180°，尽量确保水平尺放在同一位置上，接着再观看水平泡的位置，如两次气泡位置相近，则水平尺合格，如两次气泡位置相差很多，则水平尺不合格，需要返修。校对好水平尺后，再用其检查施工面

的水平度、垂直度、倾角或坡度。

2. 线坠

采用较重的特制线坠悬吊，以确定的轴线交点为准，直接向各施工层悬吊引测轴线。

线坠的几何形体要归正，重量要适当（1～3kg）。吊线用编织或没有扭曲的细钢丝。悬吊时要上端固定牢固，线中间没有障碍，尤其是没有侧向抗力。线下端（或线坠尖）的投测人，视线要垂直结构面，当线左、线右投测小于 3～4mm 时，取其平均位置，两次平均位置之差小于 2～3mm 时，再取平均位置，作为投测结构。投测中要防风吹和晃动，尤其是侧向风吹。在逐层引测中，要用更大的线坠（如 5kg）每隔 3～5 层，由下面直接向上放一次通线，以作较测。

（二）红外线水准仪使用维护

1. 使用方法

主要用于各类弹线或标线（如 1m 基准线等），墙地砖铺设，大理石外挂、干挂、铺设等。

水准仪分为红光和绿光激光线两种，每种光中又分单线、两线、三线、五线、3D（360°）或十二线等。精度一般为 0.1mm/m、0.2mm/m、0.3mm/m、0.5mm/m 等。

一般绿光用于室外相对光线较强的地方，或者是大面积装修的地方；红光用于室内。一般开机后投线仪自动投射出水平线、垂直线。

2. 维护保养事项

（1）使用前应弄清仪器各部分结构使用和操作方法，不应随便拆卸仪器。

（2）在测量时，应避免阳光直晒在仪器上，否则将影响精度。

（3）仪器使用完毕后，应将各部分擦干净再装入仪器箱，仪器箱应放在干燥通风处。

（4）通过简单测试，如发现仪器有问题，应由相关技术人员调整修理。

（三）检测工具的维护、保养

1. 仪器在室内的保存

存放仪器的房间，应清洁、干燥、明亮且通风良好，室温不宜剧烈变化，最适宜的温度是 $10\sim16℃$ 左右。在冬季，仪器不能存放在暖气设备附近。室内应有消防设备，但不能用一般酸碱式灭火器，宜用液体二氧化碳及四氯化碳及新的安全消防器。室内也不要存放具有酸、碱类气味的物品，以防腐蚀仪器。

存放仪器的库房，要采取严格防潮措施。库房相对湿度要求在 60% 以下，特别是南方的梅雨季节，更应采取专门的防潮措施。有条件的可装空气调节器，以控制湿度和温度。一般可用氯化钙吸潮，也可用块状石灰吸潮。对存放在一般室内的常用仪器，必须保持仪器箱内的干燥，可在箱内放 $1\sim2$ 袋防潮剂。这种防潮剂的主要成分是硅胶（硅酸钠）和少量钴盐，即将钴盐溶于水（按 5% 浓度），洒在硅胶上加热烘干即可。钴盐主要用作指示剂，因干燥的钴盐呈深蓝色，吸潮后则变为粉红色。变红后的硅胶失去吸潮能力，必须加热烘烤或烈日暴晒，使水分蒸发复呈紫色以至深蓝色，才能继续使用。将硅胶装入小布袋内（每袋 $40\sim80g$），放入仪器箱中使用。

仪器应放在木柜内或柜架上，不可直接放在地上。三脚架应平放或者竖直放置，不应随便斜靠，以防挠曲变形。存放三脚架时，应先把活动腿缩回并将腿收拢。

2. 仪器的安全运送

仪器受振后会使机械或光学零件松动、移位或损坏，以致造成仪器各轴线的几何关系变化，光学系统成像不清或像差增大，机械部分转动失灵或卡死。轻则使用不便，影响观测精度；重则不能使用甚至报废。测量仪器越精密越应注意防振。在运送仪器的过程中更是如此。

仪器长途搬运时，应装入特制的木箱中。箱内垫以刨花、纸卷、泡沫塑料等弹性的物品，箱外标明光学仪器，"不许倒置，小心轻放，怕潮怕压"等字样。

短途运送仪器时，可以不装运输箱，但要有专人护送。乘坐汽车或外出作业时，仪器要背在身上；路途稍远的，要坐着抱在身上，切忌将仪器放在机动车、畜力车，以防受振。条件不具备的，必须装入运输箱内，并在运送车上放置柔软的垫子或垫上一层厚厚的干草等减振物品，有专人护送。

仪器在运输途中，均要注意防止日晒、雨淋。放置的地方要安全稳妥、干燥和清洁。

3. 仪器在施测过程中的注意事项

（1）在整个施测过程中，观察员不得离开仪器。如因工作需要而离开时，应委托旁人看管或者将仪器装入箱内带走，以防止发生意外事故。

（2）仪器在野外作业时，必须用伞遮住太阳。在井内作业时要注意避开仪器上方的淋水或可能掉下来的石块等，保护仪器安全，以免影响观测精度。

（3）仪器箱上不能坐人，防止箱子承受太大的压力以致压坏箱子，甚至会压坏仪器。

（4）当旋转仪器的照准部时，应用手握住其支架部分，而不要握住望远镜，更不能用手抓住目镜来转动。

（5）仪器的任一转动部分发生旋转困难时，不可强行旋转，必须检查并找出原因，消除解决问题。

（6）仪器发生故障以后，不应勉强继续使用，否则会使仪器的损坏程度加剧。但也不可在野外或坑道内任意拆卸仪器，必须带回室内，由专业人员进行维修。

（7）不能用手指触及望远镜物镜或其他光学零件的抛光面。对于物镜外表面的灰尘，可用干净的驼毛刷轻轻地拂去；而对于较脏的污秽，最好在室内的条件下处理，不得已时也可用透镜纸轻轻地擦拭。

（8）在野外作业遇到雨、雪时，应将仪器立即装入箱内。不要擦拭落在仪器上的雨滴，以免损伤涂漆。应先将仪器搬到干燥的地方让它自行晾干，然后用软布擦拭仪器，再放入箱内。

习　题

一、图 纸 识 读

(一) 判断题

1.〔初级〕透视投影是一种中心投影。

【答案】正确

2.〔初级〕所有建筑装饰工程设计都必须先完成初步设计。

【答案】错误

【解析】不是所有工程都进行初步设计。

3.〔中级〕建筑装饰装修施工图中的平、立、剖面图所表示的内容不一样，所以识读图纸没有顺序关系。

【答案】错误

【解析】施工图识读的方法与要求。

4.〔中级〕建筑装饰地面铺装图应标注地面的建筑标高。

【答案】错误

【解析】标注相对标高。

5.〔高级〕建筑装饰装修施工图顶棚平面图标注顶棚标高时，可采用"CH＝高度数字"表示。

【答案】正确

(二) 单选题

1.〔初级〕根据投影线的不同情况，投影可分为(　　)。

A. 中心投影和平行投影　　B. 中心投影和轴测投影

C. 平行投影和多面投影　　D. 平行投影和透视投影

【答案】A

【解析】投影分类。

2. 〔初级〕依据投影原理用二维平面表示三维形体的方法称为(　　)。

A. 投影法　　　　　　　　B. 投射法
C. 折射法　　　　　　　　D. 投射图法

【答案】A

【解析】投影原理。

3. 〔中级〕物体在单一投影面上按平行投影法投影，得到的图形称为(　　)。

A. 中心投影图　　　　　　B. 多面投影图
C. 轴测投影图　　　　　　D. 透视投影图

【答案】C

【解析】投影图分类。

4. 〔中级〕根据《房屋建筑室内装饰装修制图标准》JGJ/T 244—2011，顶棚平面图应标注内容不包括(　　)。

A. 顶面造型　　　　　　　B. 设备管道
C. 标高　　　　　　　　　D. 材料名称和做法

【答案】B

【解析】不标注设备管道。

5. 〔中级〕根据《房屋建筑室内装饰装修制图标准》JGJ/T 244—2011，方案设计顶棚平面图表达内容不包括(　　)。

A. 装饰装修造型位置的设计标高
B. 标注图纸名称
C. 标注细部尺寸
D. 标注制图比例

【答案】C

【解析】在顶平面图中，不需要标注细部尺寸。

6. 〔中级〕在识读室内装饰工程施工图时，施工员可以从(　　)中看出室内地坪的高差变化。

A. 平面布置图　　　　　　B. 轴测图
C. 投影图　　　　　　　　D. 结构图

【答案】A

【解析】施工图识读的方法与要求。

7. ［高级］关于建筑装饰装修施工图中的立面图标注尺寸的说法，错误的是（　　）。

A. 应标注标高　　　　　　　B. 应标注垂直方向尺寸

C. 应标注造型的细部尺寸　　D. 应标注构造层尺寸

【答案】D

【解析】规范规定，立面图上不需要标注构造层尺寸。

（三）多选题

1. ［初级］技术要求较高和规模较大的建筑装饰装修工程的设计分为（　　）。

A. 方案设计　　　　　　　　B. 初步设计

C. 施工图设计　　　　　　　D. 变更设计

E. 竣工图

【答案】ABC

【解析】规范规定。

2. ［中级］建筑装饰施工图设计文件包括（　　）。

A. 建筑装饰装修设计的施工图纸

B. 主要材料表

C. 图纸目录

D. 设计说明

E. 设计效果图

【答案】ABCD

【解析】规范规定。

3. ［高级］房屋建筑施工图的主要图纸包括（　　）。

A. 建筑施工图　　　　　　　B. 智能化施工图

C. 结构施工图　　　　　　　D. 装饰施工图

E. 设备施工图

【答案】ACE

【解析】规范规定。

（四）案例题

某商场要进行装饰装修，施工前项目部进行图纸会审，其中关于该项目会审过程中提出的图纸要求反映在以下例题中。

1. 判断题

（1）［初级］施工图中的顶棚平面图，对于对称平面，对称部分的内部尺寸可以省略，对称轴部位应用连接符号表示。

【答案】错误

（2）［初级］绘制建筑装饰装修施工图中的顶棚平面图，应标注所需构造节点详图的索引号。

【答案】正确

2. 单选题

（1）［中级］室内建筑装饰装修陈设、家具平面布置图中，不需要标明陈设品的（　　）。

A. 名称　　　　　　　　　B. 位置

C. 大小　　　　　　　　　D. 品牌

【答案】D

（2）［中级］建筑装饰装修施工图中的顶棚平面图应省去平面图中门的符号，并用（　　）连接门洞以表示位置。

A. 中实线　　　　　　　　B. 细实线

C. 中虚线　　　　　　　　D. 细虚线

【答案】B

3. 多选题

［高级］在建筑装饰装修顶棚平面图上，顶棚造型上有（　　）。

A. 天窗　　　　　　　　　B. 构件

C. 活动家具位置　　　　　D. 装饰垂挂物

E. 标高

【答案】ABCE

二、房屋构造

(一) 判断题

1. [初级] 凡是高度大于 24m 的各类建筑, 都属于高层建筑。

【答案】错误

【解析】民用建筑分类, 居住建筑 10 层以上为高层。

2. [初级] 建筑高度是指建筑物自室外设计地面至建筑主体檐口或屋面面层的垂直高度。

【答案】正确

3. [中级] 屋顶的作用就是为抵御自然界的风、霜、雨、雪、太阳辐射热和冬季低温等对建筑物的影响的。

【答案】错误

【解析】民用建筑构造。

4. [高级] 基础是建筑构造的重要组成部分, 也是建筑物的主要承重结构构件。

【答案】正确

(二) 单选题

1. [初级] 高度为 28m 的办公楼, 属于(   )建筑。

A. 低层   B. 高层

C. 多层   D. 中高层

【答案】B

【解析】民用建筑分类。高度大于 24m 的多层建筑属于高层建筑。

2. [初级] 下列建筑类型中不属于公共建筑的是(   )。

A. 图书馆   B. 公寓

C. 商场   D. 公园

【答案】B

【解析】民用建筑分类。

3. [中级] 分类中属于高层建筑的是(   )。

A. 1~3 层　　　　　　　　B. 4~6 层

C. 7~9 层　　　　　　　　D. 10 层以上

【答案】D

【解析】民用建筑分类。

4. 〔中级〕据《民用建筑设计通则》GB 50352—2005 规定，住宅建筑按层数不同的分类中属于多层建筑的是(　　)。

A. 1~3 层　　　　　　　　B. 4~6 层

C. 7~9 层　　　　　　　　D. 10 层以上

【答案】B

【解析】民用建筑分类。

5. 〔中级〕民用建筑的分类中超高层建筑是指(　　)。

A. 10 层以上的建筑　　　　B. 17 层以上的建筑

C. 高度大于 24m 的建筑　　D. 高度大于 100m 的建筑

【答案】D

6. 〔中级〕在房屋建筑中用于分隔室内空间的非承重内墙统称为(　　)。

A. 承自重墙　　　　　　　B. 幕墙

C. 填充墙　　　　　　　　D. 隔墙

【答案】D

【解析】民用建筑构造。

7. 〔高级〕屋面与外墙墙身的交界部位是(　　)。

A. 散水　　　　　　　　　B. 泛水

C. 檐口　　　　　　　　　D. 勒脚

【答案】C

【解析】民用建筑构造。

(三) 多选题

1. 〔初级〕据《民用建筑设计通则》GB 50352—2005 规定，住宅建筑按层数不同可分为(　　)。

A. 低层住宅　　　　　　　B. 多层住宅

C. 中高层住宅　　　　　　D. 高层住宅

【答案】ABCD

【解析】民用建筑分类。

2.［初级］下列选项中属于墙体作用的是( )。

A. 承重 B. 防水

C. 围护 D. 分隔

【答案】ACD

【解析】民用建筑构造。

3.［高级］按墙体受力情况不同可将墙体分为( )。

A. 实体墙 B. 承重墙

C. 非承重墙 D. 组合墙

【答案】BC

【解析】民用建筑构造。

(四) 案例题

某城市一高层民用建筑项目正在进行施工,其中关于该项目的描述反映在以下例题中。

1. 判断题

(1)［初级］民用建筑按照其用途又分为居住建筑、公共建筑及综合建筑。

【答案】正确

(2)［初级］高层的民用建筑多采用砖混结构。

【答案】错误

2. 单选题

(1)［中级］若该建筑物高度超过 100m 时,则该建筑按层数分类可称为( )。

A. 中高层 B. 高层

C. 超高层 D. 多层

【答案】C

(2)［中级］承受建筑物的全部荷载的构件是( )。

A. 基础 B. 主体结构

C. 承重墙 D. 柱

【答案】A

3. 多选题

［高级］以下属于民用建筑主体结构的是（　　　）。

A. 柱 　　　　　　　　　　　B. 梁

C. 楼板 　　　　　　　　　　D. 檐口

E. 散水

【答案】ABC

三、常用涂裱材料

（一）判断题

1. ［初级］地面涂料的主要功能是装饰与保护室内地面，使地面清洁美观，与室内墙面及其他装饰相适应。

【答案】正确

2. ［初级］与溶剂型外墙涂料相比，溶剂型地面涂料在选择填料及辅助材料时，应更注重美观性和耐热性等性能。

【答案】错误

【解析】应更注重耐磨性和耐冲击性等。

3. ［中级］乳胶漆可分为室内和室外两大类。

【答案】正确

4. ［高级］对快干的腻子，可适当往返刮几次。

【答案】错误

【解析】快干腻子特性。

（二）单选题

1. ［初级］涂料种类繁多，按照分散介质种类可分为（　　　）。

A. 有机涂料、无机涂料和有机-无机涂料

B. 溶剂型、水溶型和乳液型

C. 外墙涂料、内墙涂料和地面涂料

D. 有机涂料、溶剂型和地面涂料

【答案】B

【解析】按照分散介质种类可分为溶剂型、水溶型和乳液型。

2. ［初级］关于水溶型内墙涂料的说法，错误的是（　　）。

A. 水溶型内墙涂料耐水性、耐刷洗性较佳

B. 水溶型内墙涂料有 106 涂料及 803 涂料

C. 106、803 涂料中残留游离甲醛，对人体有害

D. 装饰工程中不宜采用 803 涂料

【答案】A

【解析】水溶型内墙涂料耐水性、耐刷洗性、附着力欠佳。

3. ［中级］下列的涂料性能特点中，不属于内墙涂料特点的是（　　）。

A. 色彩丰富、细腻调和　　　　B. 耐碱性、耐水性差

C. 耐粉化性能良好　　　　　　D. 透气性好于墙面

【答案】B

【解析】内墙涂料的耐碱性和耐水性强。

4. ［初级］外墙涂料的主要功能是装饰和保护建筑物的外墙面，下列外墙涂料中，属于乳液型外墙涂料的是（　　）。

A. 氯化橡胶外墙涂料　　　　　B. 硅丙乳胶漆涂料

C. 聚氨酯系列外墙涂料　　　　D. 过氯乙烯外墙涂料

【答案】B

【解析】属于乳液型外墙涂料的是硅丙乳胶漆涂料。

5. ［中级］以下玻璃不属于安全玻璃的是（　　）。

A. 钢化玻璃　　　　　　　　　B. 夹层玻璃

C. 装饰玻璃　　　　　　　　　D. 防火玻璃

【答案】C

【解析】安全玻璃分类。

6. ［中级］抹灰面裱糊时应先嵌补（　　）。

A. 石膏腻子　　　　　　　　　B. 桐油腻子

C. 胶油腻子　　　　　　　　　D. 胶粉腻子

【答案】A

【解析】工艺及材料要求。

7. 〔高级〕过氯乙烯水泥地面涂料属于(　　)涂料。

A. 水溶型　　　　　　　　B. 溶剂型

C. 乳液型　　　　　　　　D. 无机

【答案】B

【解析】过氯乙烯水泥地面涂料属于溶剂型涂料。

（三）多选题

1. 〔初级〕下列常用外墙涂料中，属于溶剂型外墙涂料的有(　　)。

A. 氯化橡胶外墙涂料　　　B. 苯丙乳液涂料

C. 硅丙乳胶漆涂料　　　　D. 聚氨酯系列外墙涂料

E. 过氯乙烯外墙涂料

【答案】ADE

【解析】建筑涂料分类。

2. 〔中级〕关于平板玻璃特性的说法，正确的有(　　)。

A. 良好的透视、透光性能

B. 对太阳光中近红外热射线的透过率较低

C. 可产生明显的"暖房效应"

D. 抗拉强度远大于抗压强度，是典型的脆性材料

E. 通常情况下，对酸、碱、盐有较强的抵抗能力

【答案】ACE

【解析】建筑玻璃分类和特性。

3. 〔高级〕关于钢化玻璃的特性，下列说法中正确的有(　　)。

A. 机械强度高　　　　　　B. 弹性好

C. 无自爆　　　　　　　　D. 热稳定性好

E. 碎后不易伤人

【答案】ABDE

【解析】建筑涂料分类。

（四）案例题

某宾馆客房进行装修施工，在门窗、吊顶、地面等分项工程

施工完成后，施工单位根据设计要求对吊顶及墙面进行涂饰工程（乳胶漆吊顶、乳胶漆墙面、真石漆墙面）。其中乳胶漆墙面做法包括以下几道工序：基层清理、嵌批腻子、刷底漆、砂纸打磨、刷面层涂料。有的工序需往返几次重复。

1. 判断题

（1）〔初级〕乳胶漆在储存过程中上层出现微黄色液体分层情况可继续使用。

【答案】正确

（2）〔初级〕乳胶漆稠度过厚，可加适量清水。

【答案】正确

2. 单选题

（1）〔中级〕不同基层不同处理要求，下面说法正确的是（　　）。

A. 新建筑物的混凝土或抹灰基层在涂饰前应刷抗碱封闭底漆

B. 旧墙面在涂饰涂料前应清除疏松的旧装修层，再直接涂刷

C. 混凝土或抹灰基层在涂刷乳胶漆时，含水率不得大于12%

D. 厨房卫生间墙面必须使用防潮腻子

【答案】A

（2）〔高级〕真石漆墙面做法工艺流程正确的是（　　）。

A. 喷面漆一道—喷（刷）底漆一道—喷（刷）罩面漆一道—基层清理

B. 喷面漆一道—喷（刷）罩面漆一道—基层清理—喷（刷）底漆一道

C. 基层清理—喷（刷）底漆一道—喷（刷）罩面漆一道—喷面漆一道

D. 基层清理—喷（刷）底漆一道—喷面漆一道—喷（刷）罩面漆一道

【答案】D

3. 多选题

［高级］涂料出现明显接槎，原因分析包括(　　)。

A. 砂浆稠度、喷嘴口径及空压机压力等有变化；喷涂距离及角度的不同

B. 基层局部过潮，局部喷涂时间过长，喷涂量过大，未及时向喷斗加砂浆，喷斗底部少量稀浆喷至墙面

C. 砂浆底灰有明显接槎

D. 脚手架离墙太近的部位斜喷、重复喷，波面喷涂未在分格缝处接槎

E. 虽然在分格缝处接缝，但未遮挡，成活部位溅上浮砂

【答案】CDE

四、基 层 处 理

(一) 判断题

1. ［初级］在刷过粉浆的墙面、平顶及各种抹灰面上重新刷浆时，可以不用清理旧浆皮直接刷浆。

【答案】错误

【解析】不清理旧浆皮直接刷浆会产生起皮、脱落等质量问题。

2. ［初级］在旧漆膜上重新刷漆时，可视旧漆膜的附着力和表面硬度的好坏来确定是否全部清除。

【答案】正确

3. ［中级］对附着牢固、表面平整的旧溶剂型涂料墙面，应进行打毛处理。

【答案】正确

4. ［中级］石膏花饰可用于室内外装饰。

【答案】错误

【解析】石膏制品不耐水，不能用于室外等潮湿环境。

5. ［高级］以石灰膏为主，再加少量石膏混合而成的石膏灰

用于中级抹灰。

【答案】错误

【解析】中级抹灰不能使用石灰膏、石膏混合灰浆。石灰膏、石膏不能混合使用。

（二）单选题

1. ［初级］刮腻子遍数可由墙面平整程度决定，通常为（ ）

A. 两遍 　　　　　　　　　B. 三遍

C. 四遍 　　　　　　　　　D. 五遍

【答案】B

【解析】一般批腻子工艺标准要求。

2. ［初级］关于抹灰工程材料技术要求的说法，正确的是（ ）。

A. 抹灰用水泥强度等级不得小于 32.5MPa

B. 砂宜选用中砂，使用前应过筛（不大于 10mm 的筛孔）

C. 抹灰用的石灰膏的熟化期不应少于 10d

D. 一般面层抹灰砂浆的稠度是 12cm

【答案】A

【解析】抹灰砂浆材料的技术标准要求。

3. ［初级］普通和中级抹灰施工环境温度应在（ ）℃以上。

A. 0 　　　　　　　　　　　B. －5

C. 5 　　　　　　　　　　　D. 10

【答案】C

【解析】施工环境温度要求。

4. ［中级］建筑石膏特点具有（ ）特点。

A. 容量较大 　　　　　　　B. 导热性较好

C. 耐水性好 　　　　　　　D. 抗冻性好

【答案】B

【解析】建筑石膏的特点。

5. ［中级］水泥拌制砂浆，应控制在（　　）用完。

A. 初凝前　　　　　　　　　B. 初凝后

C. 终凝前　　　　　　　　　D. 终凝后

【答案】A

【解析】水泥砂浆的特性。

6. ［中级］采用石膏抹灰时，石膏灰中不得掺用（　　）。

A. 牛皮胶　　　　　　　　　B. 硼砂

C. 氯盐　　　　　　　　　　D. 107 胶

【答案】C

【解析】石膏的化学成分会与氯盐发生化学反应。

7. ［高级］底层灰砂浆的厚度宜为（　　）

A. 3～5mm　　　　　　　　B. 5～8mm

C. 10mm　　　　　　　　　D. 20mm

【答案】B

【解析】抹灰工艺标准要求。

（三）多选题

1. ［初级］能增加腻子附着力和韧性的材料有（　　）

A. 桐油（光油）　　　　　　B. 油漆

C. 干性油　　　　　　　　　D. 稀释剂

【答案】ABC

【解析】掺加桐油（光油）、油漆、干性油能增加腻子附着力和韧性。

2. ［中级］建筑石膏的凝结硬化速度很快，为便于操作，一般可渗入（　　）。

A. 石灰浆　　　　　　　　　B. 水胶

C. 硼砂　　　　　　　　　　D. 水泥

【答案】ABC

【解析】建筑石膏的性质和特性。

3. ［高级］石膏灰浆面层不得涂抹在（　　）上。

A. 石灰砂浆层　　　　　　　B. 水泥砂浆层

C. 麻刀石灰砂浆层　　　　　D. 水泥混合砂浆层

【答案】BD

【解析】建筑石膏的性质和特性。

（四）案例题

某公司负责一装修项目，施工单位根据设计要求进行涂裱施工。其中包括壁纸、乳胶漆墙面及玻璃。施工前要对基层质量进行验收，其验收要求内容反映在以下例题中。

1. 判断题

（1）［初级］在刮腻子前，应将墙面起皮及松动处清除干净，并用水泥砂浆将墙面磕碰处及坑洼、缝隙等处补抹、找平。

【答案】正确

（2）［中级］基层若是加气块或其他多孔砖墙体，可以直接进行粉刷施工。

【答案】错误

2. 单选题

（1）［初级］大面积抹灰宜使用（　　　）

A. 水泥砂浆　　　　　　　　B. 成品砂浆

C. 石灰膏　　　　　　　　　D. 胶粘剂

【答案】B

（2）［中级］罩面用的磨细石灰粉的熟化期不少于（　　　）

A. 3d　　　　　　　　　　　B. 5d

C. 10d　　　　　　　　　　 D. 15d

【答案】A

3. 多选题

［高级］下列属于抹灰基本材料的有（　　　）

A. 水泥　　　　　　　　　　B. 砂

C. 石灰膏　　　　　　　　　D. 胶粘剂

E. 石子

【答案】ABCD

五、面 层 施 工

(一) 判断题

1. [初级] 乙-丙乳胶漆是一种中档内墙涂料,不能用于外墙装饰。

【答案】错误

【解析】乙-丙乳胶漆是一种中档内墙涂料,也可以用于外墙装饰。

2. [初级] 乳胶漆中层滚涂顺序一般为从上到下,从左到右,先远后近,先边角棱角、小面后大面。要求厚薄均匀,防止涂料过多流坠。

【答案】正确

3. [中级] 在正式裁玻璃前,应先试刀口。

【答案】正确

4. [中级] 壁纸施工在调胶时,壁纸越重,胶液的加水量应越多,要根据胶粉包装盒上厂家的说明进行调配。

【答案】错误

【解析】壁纸越重,胶液的加水量应越小,要根据胶粉包装盒上厂家的说明进行调配。

5. [高级] 硬包底板在无设计要求时宜采用环保阻燃板材或纸面石膏板,自攻钉必须固定到墙体的轻钢龙骨上。

【答案】正确

(二) 单选题

1. [初级] 顶棚贴壁纸前,搭好安全的踏板,高度以人站上去头顶距天花板约( )为宜。

  A. 35cm   B. 55cm

  C. 75cm   D. 95cm

【答案】C

【解析】距离应便于铺贴操作。

2. [初级] 墙面喷涂一般为第一遍横喷、第二遍竖喷,间隔时间为（　　）。

A. 1～2h
B. 2～4h

C. 8～10h
D. 2d

【答案】B

【解析】墙面喷涂常温下一般每遍间隔时间为2～4h。

3.［中级］壁纸裱糊施工时，在基层石膏板的接缝部位应（　　）。

A. 先批平再补缝
B. 先补缝再批平

C. 直接批平
D. 直接补缝

【答案】B

【解析】石膏板、夹板和细木工板：有接缝存在，先补缝再批平。

4.［初级］壁纸铺贴需根据基层实际尺寸测量计算所需用量，每边增加（　　）作为裁纸量。

A. 5～10mm
B. 10～20mm

C. 20～30mm
D. 30～50mm

【答案】C

【解析】每边增加20～30mm作为裁纸量。

5.［中级］壁纸一般情况下从（　　）开始裱糊。

A. 窗边阴角

B. 从墙中间

C. 从门扇后的阴角

D. 从任意两墙相交的阴角

【答案】C

【解析】壁纸一般情况下从门扇后的阴角开始裱糊。

6.［中级］硬包扣面料时要先固定（　　）两边，即织物面料的经线方向，四角叠整规矩后，再固定另外两边。扣好的衬板面料应绷紧、无折皱，纹理拉平拉直，各块衬板的面料绷紧度要一致。

A. 左右
B. 上下

C. 前后 D. 内外

【答案】B

【解析】扪面料时要先固定上下两边，即织物面料的经线方向。

7. ［高级］磨砂玻璃作用是（ ）。

A. 透视不透光 B. 透视也透光

C. 光线照射不扩散 D. 光线照射后扩散

【答案】C

【解析】玻璃性能。

8. ［中级］下列硬包质量标准错误的是（ ）。

A. 单块硬包面料应有接缝，四周不需绷压严密

B. 表面应平整、洁净，无凹凸不平及皱折

C. 图案应清晰、无色差，整体应协调美观

D. 硬包边框应平整、顺直、接缝吻合

【答案】A

【解析】单块硬包面料不应有接缝，四周应绷压严密。

（三）多选题

1. ［初级］裱糊工程应该在（ ）已经做完后再进行。

A. 顶棚喷浆 B. 门窗油漆

C. 木地板铺装 D. 墙面抹灰

【答案】ABD

【解析】裱糊工程应该在墙顶面饰面已经做完后再进行，以免被污染、损坏。

2. ［中级］在裱糊类饰面装饰施工中，应该根据（ ）进行弹划基准线。

A. 房间大小 B. 门窗位置

C. 墙纸宽度 D. 花纹图案

【答案】ABCD

【解析】裱糊施工工艺技术要求。

3. ［高级］在裱糊类饰面装饰施工中，每个墙面的第一垂线

可确定在小于壁纸幅宽( )。

A. 50mm   B. 90mm

C. 70mm   D. 80mm

【答案】ACD

【解析】裱糊施工工艺技术要求。

（四）案例题

某装修项目在吊顶、地面等分项工程施工完成后，施工单位根据设计要求进行涂裱施工。其中包括壁纸、乳胶漆墙面及玻璃。施工前要进行技术交底，其部分交底内容反映在以下例题中。

1. 判断题

（1）［初级］室内涂饰施工基层应平整、清洁、表面无灰尘、无浮浆、无油迹、无锈斑、无霉点、无浮砂、无起壳、无盐类析出物、无青苔等杂物。

【答案】正确

（2）［中级］贴壁纸的基本施工工艺流程是：基层处理—放线—刷封闭底胶—裁纸—刷胶—裱贴。

【答案】错误

2. 单选题

（1）［初级］贴壁纸时，混凝土和抹灰基层的含水率要求是( )。

A. 小于8％   B. 小于10％

C. 小于15％   D. 小于20％

【答案】A

（2）［中级］下列不属于玻璃镜子常用固定方法的是( )。

A. 螺钉固定   B. 粘结固定

C. 托压固定   D. 干挂固定

【答案】D

3. 多选题

［高级］裱贴壁纸的工艺原则有( )。

A. 先垂直面后水平面

B. 先细部后大面

C. 贴垂直面时先上后下

D. 贴水平面时先高后低

E. 先大面后细部

【答案】ABCD

六、验　　收

(一) 判断题

1. 〔初级〕自检由各班组长组织，由班组操作工人对本人施工完成的工序进行有针对性的检查。

【答案】正确

2. 〔初级〕互检由各班组长组织，在班组操作工人之间进行。

【答案】正确

3. 〔中级〕可以不经自行验收直接通知监理进行验收。

【答案】错误

【解析】必须按照"三检制"后才能通知监理进行验收。

4. 〔中级〕隐蔽工程验收记录不是竣工资料的组成部分。

【答案】错误

【解析】隐蔽工程验收记录是竣工资料的组成部分。

5. 〔高级〕隐蔽工程验收记录是竣工资料，应由项目资料员收集整理归档保存。

【答案】正确

(二) 单选题

1. 〔中级〕检查对方施工工序与本工种工序衔接的正确性，与设计图纸、国家规范的符合性的是(　　)。

A. 自检　　　　　　　　　B. 互检

C. 交接检　　　　　　　　D. 隐蔽验收

【答案】B

【解析】互检能使班组间互相沟通、互相督促，互相学习、共同提高。

2. ［中级］交接检检查内容不包括( )。

A. 原材料质量情况

B. 工序操作质量情况

C. 工序质量防护情况

D. 施工工序与本工种工序衔接正确性

【答案】D

【解析】交接检检查内容包括原材料质量情况、工序操作质量情况、工序质量防护情况等。

3. ［初级］由班组操作工人对本人施工完成的工序进行有针对性的检查的是( )。

A. 自检　　　　　　　　　B. 互检

C. 交接检　　　　　　　　D. 隐蔽验收

【答案】A

【解析】自检合格后，由项目部施工质量管理人员验收。

4. ［中级］隐蔽工程验收记录是竣工资料，应由( )收集整理归档保存。

A. 资料员　　　　　　　　B. 质量员

C. 施工员　　　　　　　　D. 安全员

【答案】A

【解析】隐蔽工程验收记录是竣工资料，应由资料员收集整理归档保存。

5. ［中级］互检由( )组织，在班组操作工人之间进行。

A. 安全员　　　　　　　　B. 质量员

C. 施工员　　　　　　　　D. 各班组长

【答案】D

【解析】互检由各班组长组织，在班组操作工人之间进行。

6. ［中级］各分部、分项、检验批工程的每个工序施工完成必须进行( )。

A. 互检　　　　　　　　B. 自检

C. 交接检　　　　　　　D. 隐蔽验收

【答案】B

【解析】自检合格后，由项目部施工质量管理人员验收。

7. ［高级］互检由各班组长组织，在(　　)之间进行。

A. 班组长　　　　　　　B. 施工员

C. 班组操作工人　　　　D. 质量员

【答案】C

【解析】互检由各班组长组织，在班组操作工人之间进行。

(三) 多选题

1. ［初级］交接检检查内容包括(　　)。

A. 原材料质量情况

B. 工序操作质量情况

C. 工序质量防护情况

D. 施工工序与本工种工序衔接正确性

E. 施工记录

【答案】ABC

【解析】交接检检查内容包括原材料质量情况、工序操作质量情况、工序质量防护情况等。

2. ［中级］转入下一道工序施工的条件是(　　)。

A. 完成隐蔽工程　　　　B. 各方签字确认

C. 交接检符合要求　　　D. 班组长同意

E. 项目经理要求

【答案】ABC

【解析】转入下一道工序施工的条件是：完成隐蔽工程、各方签字确认、交接检符合要求等。

3. ［高级］上一班人员必须对接班人员进行(　　)交底。

A. 质量　　　　　　　　B. 技术

C. 进度　　　　　　　　D. 数据

E. 安全

【答案】ABD

【解析】上一班人员必须对接班人员进行质量、技术、数据交接（交底），并做好交接记录。

七、常用机具使用和维护

（一）判断题

1. ［初级］手提式搅拌机用于在容器内搅拌涂料。

【答案】正确

2. ［初级］电动喷浆机适用于大面积墙壁、顶棚的喷涂。

【答案】正确

3. ［中级］喷漆完成后，可以不清洗喷枪内的残留油漆。

【答案】错误

【解析】喷漆完成后，必须清洗喷枪内的残留油漆，以免造成堵塞。

4. ［中级］剪刀适用于重型纤维塑料壁纸。

【答案】正确

5. ［高级］涂胶机每隔一段时间应进行检查。

【答案】正确

（二）单选题

1. ［初级］用于裁剪重型的纤维壁纸或布衬的乙烯壁纸的是（　　）。

A. 铲刀　　　　　　　　　　B. 轮刀

C. 剪刀　　　　　　　　　　D. 裁刀

【答案】C

【解析】机具使用常识。

2. ［初级］涂料刷使用久了，刷毛会变短，可用利刃把两面的刷毛削去一些，使刷毛变薄，（　　）便于使用。

A. 重量减轻　　　　　　　　B. 弹性增加

C. 弹性减少　　　　　　　　D. 蘸涂料少

【答案】B

【解析】机具使用常识。

3. ［初级］裱糊壁纸时，刮平、贴敷壁纸用的工具是（　　）。

A. 钢板抹子　　　　　　　　B. 滚筒

C. 胶粘剂刷　　　　　　　　D. 塑料刮板

【答案】D

【解析】机具使用常识。

4. ［中级］手提斗式喷枪喷涂墙面时顺序是（　　）。

A. 由上而下，从左向右均匀喷涂

B. 由下而上，从左向右均匀喷涂

C. 由上而下，从右向左均匀喷涂

D. 由下而上，从右向左均匀喷涂

【答案】A

【解析】喷涂机具使用方法。

5. ［中级］施工中，常用（　　）来代替胶粘剂刷。

A. 塑料刮板　　　　　　　　B. 排笔

C. 钢板抹子　　　　　　　　D. 滚筒

【答案】B

【解析】机具使用常识。

6. ［中级］用来固定金属箔等脆弱型壁纸的工具是（　　）。

A. 短毛刷　　　　　　　　　B. 排笔

C. 滚筒　　　　　　　　　　D. 长毛刷

【答案】D

【解析】机具使用常识。

7. ［高级］用于墙面批嵌腻子的工具是（　　）。

A. 塑料刮板　　　　　　　　B. 钢板抹子

C. 墙纸刷　　　　　　　　　D. 滚筒

【答案】B

【解析】机具使用常识。

（三）多选题

1.［初级］常用的涂饰机械有（　　　）。

A. 手提式搅拌机　　　　　　　B. 电动喷浆机

C. 手提斗式喷枪　　　　　　　D. 喷漆枪

E. 涂胶机

【答案】ABCD

【解析】涂刷机具使用常识。

2.［中级］常用的玻璃机具有（　　　）。

A. 玻璃刀　　　　　　　　　　B. 木折尺

C. 尺板　　　　　　　　　　　D. 钢卷尺

E. 涂胶机

【答案】ABCD

【解析】玻璃机具使用常识。

3.［高级］喷浆机压紧机构松动时会造成（　　　）。

A. 喷浆机的损坏

B. 喷浆机寿命减少

C. 喷浆机安全性隐患

D. 喷浆机漏油

E. 喷浆机齿轮磨损

【答案】ABC

【解析】喷浆机具使用常识。

八、放线、检测工具

（一）判断题

1.［中级］安装玻璃镜子时，应根据图纸在现场相应部位放出镜子的完成线，通过激光投线仪，用墨线把镜子玻璃规格、排版、完成面在墙面弹出来。

【答案】正确

2.［中级］水准仪使用的步骤为：仪器的安置、瞄准目标、粗略整平、精平、读数等。

【答案】错误

【解析】水准仪使用包括仪器的安置、粗略整平、瞄准目标、精平、读数等几个步骤。

3. ［中级］建筑测量工程中使用的水准仪分为水准气泡式和自动安平式。

【答案】正确

4. ［中级］一般激光投线仪在开机后投线仪不会自动投射出水平线、垂直线，需要建设人员调平、安放。

【答案】错误

【解析】一般开机后投线仪自动投射出水平线、垂直线。

5. ［高级］门窗框的正、侧面垂直度可以用水平尺检查。

【答案】错误

【解析】门窗框的正、侧面垂直度可以用 1m 垂直检测尺检查。

（二）单选题

1. ［高级］在装饰工程施工中，遇到机场、高铁站等大空间放线时，常使用的测量仪器是(　　)。

A. 测距仪　　　　　　　　　B. 投线仪

C. 经纬仪　　　　　　　　　D. 水准仪

【答案】C

【解析】在大空间放线时，一般东、西、南、北、顶、地空间跨度较大，在使用测量仪器的时候，应选择精度较高的经纬仪进行测量，避免造成分段测量出现的累计误差。

2. ［初级］在装饰工程中的 1m 水准线是重要标高参考线，通过水准仪引测到各面，主要是传递 1m 线的(　　)。

A. 方向　　　　　　　　　　B. 高程

C. 距离　　　　　　　　　　D. 角度

【答案】B

【解析】在放线过程中，把 1m 水准线通过水准仪引向各个面，主要传递 1m 线的高程。

3. 〔初级〕在装饰工程中，激光投线仪的用途不包括（　　）。

A. 投线　　　　　　　　B. 平整度检测

C. 垂直度检测　　　　　D. 对角线检测

【答案】D

【解析】投线仪的使用功能。

4. 〔中级〕下列水准仪型号中属于精密水准仪，可用于国家一、二等水准测量和其他精密水准测量的是（　　）。

A. DS1　　　　　　　　B. DS3

C. DJ1　　　　　　　　D. DJ2

【答案】A

【解析】DS05、DS1型水准仪属于精密水准仪，用于国家一、二等水准测量和其他精密水准测量。

5. 〔中级〕一把标注为30m的钢卷尺，实际是30.005m，每量一整尺会有5mm误差，此误差称为（　　）。

A. 系统误差　　　　　　B. 偶然误差

C. 中误差　　　　　　　D. 相对误差

【答案】A

【解析】系统误差是指由于仪器结构上不够完善或仪器未经很好校准等原因产生的误差。例如，各种刻度尺的热胀冷缩，温度计、表盘的刻度不准确等都会造成误差。

6. 〔初级〕下列钢卷尺长度，属于装饰放线时通常使用的规格是（　　）。

A. 2m　　　　　　　　B. 4m

C. 7.5m　　　　　　　D. 12m

【答案】C

【解析】钢卷尺通常使用的规格有：3m、5m、7.5m、15m等。

（三）多选题

1. 〔初级〕下列仪器型号中，属于水准仪的有（　　）。

A. DJ1   B. DJ6

C. DS1   D. DS2

E. DS10

【答案】CE

【解析】DS是大地测量水准仪。

2. ［初级］使用水准仪可以实现的功能有( )。

A. 测量两点间的高差

B. 测量竖直角

C. 测量两点间的水平距离

D. 测量水平夹角

E. 通过控制点的已知高程推算待定点的高程

【答案】ACE

【解析】水准仪主要是测量两点间的高差（标高），它不能直接测量待定点的高程，但可由控制点的已知高程推算测点的高程。利用视距测量原理，它还可以测量两点间的水平距离，但精度不高。

3. ［中级］在室内装饰投测地面线时，专业放线人员认真校对放线设备后，对地面大理石、地砖、地板、地毯等放线，下列位置需注意的部位有( )。

A. 地插位置

B. 活动家具

C. 喷淋头

D. 细部阴阳角节点位置

E. 接待台

【答案】ABDE

【解析】专业放线人员放线认真校对放线设备后，需特别注意：地插位置、活动家具、接待台以及细部阴阳角节点位置。

(四) 案例题

A公司的施工项目部承建某别墅区的装饰装修工程，在装饰装修等室内外工程开工前，项目部施工员专门召集全体作业人员进行施工测量技术交底，以防止测量中工作失误而导致发生质量问题，其部分交底内容反映在以下例题中。

1. 判断题

（1）[初级] 房屋建筑安装工程中应用水准仪主要是为了测量标高和找（划）出水平线。

【答案】正确

（2）[初级] 角度测量仪是指水平角的测量。

【答案】错误

2. 单选题

（1）[中级] 水准仪的正确性和精度决定于带有目镜、物镜的望远镜光轴的（　　）。

A. 水平度　　　　　　　　　　B. 清晰度

C. 可见度　　　　　　　　　　D. 能见度

【答案】A

（2）[初级] 水准仪上的圆水准器，使之气泡居中达到（　　）的目的。

A. 三角架调平　　　　　　　　B. 光轴初平

C. 光轴精平　　　　　　　　　D. 望远镜初平

【答案】B

3. 多选题

[初级] 水准仪的安置地应处于（　　）的位置。

A. 地势平坦　　　　　　　　　B. 土质坚实

C. 排水畅通　　　　　　　　　D. 无太阳直射

E. 能通视到所测工程实体

【答案】ABE

参 考 文 献

[1] 住房和城乡建设部，国家质量监督检验检疫总局. 住宅装饰装修工程施工规范 GB 50327—2001[S]. 北京：中国建筑工业出版社，2002.

[2] 住房和城乡建设部. 建筑装饰装修工程质量验收标准 GB 50210—2018[S]. 北京：中国建筑工业出版社，2018.

[3] 住房和城乡建设部，国家质量监督检验检疫总局. 建筑施工安全技术统一规范 GB 50870—2013[S]. 北京：中国计划出版社，2014.

[4] 住房和城乡建设部干部学院. 涂裱工(第二版)[M]. 武汉：华中科技出版社，2017.

[5] 建筑工人职业技能培训教材编委会组织编写. 抹灰工(第二版)[M]. 北京：中国建筑工业出版社，2015.

[6] 刘永梅. 涂装工(技师、高级技师)[M]. 北京：机械工业出版社，2008.

[7] 住房与城乡建设部人事司组织编制. 抹灰工(第二版)[M]. 北京：中国建筑工业出版社，2011.